MERCEDES-BENZ TRANSPORTER

VON BREMERN, DÜSSELDORFERN, SPRINTERN & CO.

Randolf Unruh

Motor buch Verlag

Einbandgestaltung: Luis dos Santos unter Verwendung von Fotos aus dem Archiv der Mercedes-Benz Group

Bildnachweis: Sofern Bilder nicht von Mercedes-Benz Classic Archive und der Mercedes-Benz Group stammen, befinden sich die Bildquellen unter den jeweiligen Abbildungen; die Rechte an den Bildern verbleiben bei den Urhebern.

ISBN 978-3-613-04442-5

1. Auflage 2022

Sie finden uns im Internet unter:

WWW.MOTORBUCH-VERLAG.DE

Lektorat: Joachim Kuch
Innengestaltung: WS – WerbeService Linke, 76185 Karlsruhe
Druck und Bindung: Conzella, 85609 Aschheim-Dornach
Printed in Germany

Inhalt

Vorwort

Transporter unter einem guten Stern

Sie gehört zu den spannendsten und auch zu den kompliziertesten Kapiteln der Automobilgeschichte: Die Story der Transporter von Daimler und Benz sowie den Nachfolgegesellschaften bis zur heutigen Mercedes-Benz Group ist gekennzeichnet von Brüchen, von Übernahmen und Kooperationen, auch von Versuch und Irrtum sowie großen Erfolgen.

Wer hat's erfunden? Na klar, die Herren Carl Benz und Gottlieb Daimler waren Ende des 19. Jahrhunderts mit den Vorläufern der heutigen Transporter vornedran. Kurz hintereinander, wie in jenen Jahren ebenfalls mit Personenwagen, Omnibussen und Lastwagen. Über Jahre hinweg gibt es die »Lieferungs-« und »Geschäftswagen« der beiden Wettbewerber. Bei Daimler reißt die Kette mit dem Ersten Weltkrieg ab, bei Benz mit der Fusion der beiden Fabrikate Mitte der zwanziger Jahre. Ab dem ersten gemeinsamen Programm nach der Fusion zur Daimler-Benz AG im Jahr 1926 wirken die leichten Nutzfahrzeuge des Unternehmens wie geschrumpfte Lkw, auch die Gewichtsklassen sind ein, zwei Nummern zu groß. Das ändert sich noch einmal in den dreißiger Jahren, danach bestimmen erst einmal andere, wer was bauen darf.

In der Nachkriegszeit liegt die Priorität der Marke Mercedes-Benz auf Lastwagen, abgesehen von Lieferwagen auf Basis des Vorkriegsmodells 170 V. Transporter gibt es erst wieder ab Mitte der fünfziger Jahre. Sie dienen viele Jahre hinweg als Erweiterung der Lkw-Flotte nach unten. Erst in den siebziger Jahren mit dem »Bremer«-Transporter und rund 20 Jahre später mit Vito/V-Klasse rückt der Konzern Stück für Stück in populäre Regionen vor, wird zum Vollsortimenter und mit Mercedes-Benz Vans zur Marke in der Marke. Um schließlich mit dem Lieferwagen Citan ungefähr dort anzukommen, wo einst alles begann. Generation für Generation robbt sich Mercedes-Benz Vans jetzt mit langem Atem in den jeweiligen Kategorien weiter nach vorn. Steckt dabei Rückschläge wie Vaneo und X-Klasse weg und kappt wenig erfolgversprechende Triebe. Lernt aus den mäßig gelungenen Baureihen der ersten Generationen von Vito/V-Klasse oder des Citan und bekommt die Kurve zu erfolgreichen Nachfolgern in Regionen, in denen sich Durchhaltevermögen lohnt. Dazwischen wird neben der Fahrzeugentwicklung spannende Industriegeschichte lebendig.

In aktuell herausfordernden Zeiten mit dem Wechsel zur E-Mobilität und dem neuformierten Konzern, in dem sich die eher nüchternen Vans nun gegen die schillernden Pkw innerhalb der Daimler AG behaupten müssen, kann es helfen, wenn man seine Wurzeln kennt. Sie sind in diesem Fall recht verschlungen. Beim Entflechten fleißig mit angepackt hat Mercedes-Benz Classic Archive & Sammlung, vor allem mit höchst geduldiger und tatkräftiger Unterstützung bei der Bildrecherche und dem Zusteuern von mancherlei Unterlagen. Dafür gebührt dem Team ein dickes Dankeschön!

Viel Freude bei der Lektüre wünscht
Randolf Unruh

S-EM 7999
410D

Vom Benz Lieferungswagen zum Mercedes-Benz 170 V – der schwierige Kurs der ersten 60 Transporterjahre

Es ist ein Rennen der besonderen Art: Ende des 19. Jahrhunderts wetteifern in Deutschland die Automobilpioniere Gottlieb Daimler und Carl Benz mit immer neuen Erfindungen miteinander. Mannheim (Benz) und Stuttgart (Daimler) liegen Luftlinie weniger als 100 Kilometer auseinander. Das bedeutet heute gut eine Autostunde bei freier Strecke. Die Pioniere von einst haben sich trotz der überschaubaren Entfernung nie persönlich kennengelernt. Ihr Ansatz ist unterschiedlich: Daimler sucht Absatzmärkte für seine Motoren, man erkennt es an der Diversifizierung mit dem »Reitwagen« als erstem Motorrad und dem ersten Motorboot. Benz will den Verkehr motorisieren und ihn dem breiten Publikum zugänglich machen. 1886 liegen Benz und Daimler mit den ersten Automobilen mit Verbrennungsmotor gleichauf. Rund zehn Jahre darauf erweitert sich das Spektrum. 1895 stellt Benz den ersten motorgetriebenen Omnibus her. 1896 baut Gottlieb Daimler den ersten Lkw. Carl Benz hat im gleichen Jahr die Nase mit seinem »Lieferungswagen« vorne. Heute würde man dazu Transporter sagen.

Wie seinerzeit üblich, erinnert die Optik des ersten Transporters an eine motorisierte Kutsche, es dauert noch wenige Jahre bis zum eigenständigen Erscheinungsbild der Automobile. Der Fahrer nimmt vorne auf dem offenen Bock Platz. Hinter ihm ragt ein geschlossener Kasten für die Fracht auf, heute wäre die Rede von einem Kastenwagen oder Kofferaufbau. Die Nutzlast beläuft sich auf überschaubare 300 Kilogramm. Der entscheidende Punkt des Benz-Lieferungswagens ist der fünf PS starke Einzylindermotor. Er ist platzsparend liegend

Daimler-Geschäftswagen 12 PS aus dem Jahr 1903, geliefert an das seinerzeit größte Kaufhaus Berlins. Man beachte die sorgfältigen Details rund um den Aufbau.

1896-1955

Benz & Cie., Rheinische Gasmotoren-Fabrik, Mannheim.

Lieferungs-Wagen „**Benz.**“

Preis:

Patent-Motor-Wagen für Waarenlieferungen mit 5pferd. Motor, in hochfeiner Ausführung, grosse Reclame für jedes bedeutende Geschäft, mit 4 massiv Gummiräder complett . . . . . . kostet **Mark 4500.—**

Der Wagen legt in der Stunde 15 Kilometer zurück und überwindet Steigungen bis 10 % bei einer Belastung bis zu 300 Kilos.

Dimensionen:

Aeusserste Länge des Wagens	3 Meter 20 cm.
» Breite »	1 » 70 »
Höhe des Wagens	2 » 40 »
Spurweite	1 » 35 »

Zahlungsbedingungen:

Ein Drittel bei Bestellung in Baar, den Rest bei Uebernahme des Wagens hier.

Erfüllungsort für Lieferung und Zahlung ist Mannheim.

9

Preisliste für die ersten Lieferungswagen von Benz 1896.

Vorläufer aller Transporter: Der erste Benz-Lieferungswagen ging 1896 an ein renommiertes Pariser Kaufhaus.

in Unterflur-Bauweise im Heck untergebracht und treibt die Hinterachse über eine Kette an. Ein Dreigang-Riemengetriebe portioniert die überschaubare Muskelkraft. Benz liefert den ersten Transporter nach Frankreich an ein Kaufhaus in Paris. Nicht an irgendein Kaufhaus: Die »Grands Magasins du Bon Marché« gelten als ältestes Warenhaus der Welt und größtes von Paris. Das Kaufhaus existiert als »Le Bon Marché« noch heute und gilt als vornehmer Einkaufstempel.

In der holprigen Originalschreibweise preist Benz & Cie. seinen »Lieferungs-Wagen Benz.« so an: »Patent-Motor-Wagen für Warenlieferungen mit 5pferd. Motor, in hochfeiner Ausführung, grosse Reclame für jedes bedeutende Geschäft, mit 4 massiv Gummiräder complett kostet Mark 4500.« Zur Leistungsfähigkeit heißt es: »Der Wagen legt in der Stunde 15 Kilometer zurück und überwindet Steigungen bis 10 % bei einer Belastung bis zu 300 Kilos.« Das kompakte Gefährt ist nur 3,2 Meter lang, 1,70 Meter breit und 2,40 Meter hoch.

Auch in den Urzeiten des Automobils vor mehr als 125 Jahren sind Baukastensysteme nicht unbekannt, das Chassis des ersten Transporters verwendet Benz ebenfalls für seine Modelle »Victoria« und »Vis-à-Vis«. Sie alle rollen auf hochbeinigen Holzspeichenrädern mit Vollgummi-Bereifung. Der durchaus moderne Hinweis auf Werbemöglichkeiten ist gut umgesetzt, wie die große seitliche Schrift auf dem Aufbau erkennen lässt.

Anfang Dezember 1896 liefert Benz seinen Lieferungswagen nach Paris aus. Parallel dazu entwickelt der französische Generalvertreter Émile Roger eigene Pläne für einen Lieferwagen, jetzt auf Basis des Benz Velo. In Zusammenarbeit mit einem britischen Partner werden einige »Combinations-Lieferungswagen« mit abnehmbarem Aufbau hergestellt. Doch schon 1897 sind die Pläne mit dem Tod Rogers Makulatur. Bekannt ist auch das Bild eines solchen Combinations-Lieferungswagen für die Verlagsgesellschaft Katolik im damaligen oberschlesischen Beuthen (heute Bytom/Polen), ebenfalls aus dem Jahr 1896. Briten und Franzosen setzen eher auf die neue Form der Mobilität, die doch in Deutschland erfunden wird.

Weiteren Schub bekommt das Geschäft für Benz ab 1907 durch eine Zusammenarbeit mit der Süddeutschen Automobilfabrik Gaggenau (kurz S.A.F. oder S.A.G.). Sie mündet in einer Übernahme, ab dem Jahreswechsel 1910/11 wechselt die Bezeichnung in Benz-Werke Gaggenau, die Nutzfahrzeugfertigung des Unternehmens wird hier konzentriert. Bereits 1908 offeriert Benz/S.A.G. ein dicht gestaffeltes Programm von »Gaggenau Lieferungswagen« zwischen 0,5 und 1,5 Tonnen Nutzlast. Dies setzt sich in den kommenden Jahren als Benz-Gaggenau bis in den Ersten Weltkrieg hinein fort. Längst verschwunden ist zu diesem Zeitpunkt die Verwandtschaft

Gedrungene Form: Benz Combinations-Lieferungswagen der ersten Stunde 1896. Abnehmer war ein Verlagshaus im schlesischen Bytom/Beuthen.

Benz 6 PS aus dem Jahr 1898. Das Maison Parisienne war als Lizenznehmer und Fahrzeughersteller mit Benz verbunden.

Daimler-Geschäftswagen, Baujahr etwa 1898. Den Chocolatier Schaal in Straßburg als Hersteller verführerischer Süßwaren gibt es noch heute.

Ein königlicher Marstall Pferde unter der Motorhaube: Daimler 28-60 Lieferwagen 1909. Längst hat sich der Daimler von der motorisierten Kutsche entfernt.

zu Kutschen: Der Motor nimmt vorn Platz, der Fahrer dahinter in einer halb geschlossenen Kabine, zwar noch ohne Seitenfenster, aber mit Türen, Windschutzscheibe und einem schützenden Dach. Die Motorleistung steigt auf 20 bis 30 PS, die Höchstgeschwindigkeit auf rund 40 km/h.

Vielseitig ist das erste neu entwickelte Nachkriegsprogramm mit dem Benz 1C und 1CN (niedriger Rahmen) für 1,0 bis 1,5 Tonnen Nutzlast. Als Pritschenwagen, Kasten und Koffer sowie mit Spezialaufbau bis zur Feuerwehr decken die Fahrzeuge in den Jahren zwischen 1919 und 1926 ein breites Spektrum ab. Die Vierzylindermotoren leisten 30 bis 35 PS aus 4,8 Liter Hubraum, es gibt bereits Viergang-Schaltgetriebe.

Was bei Benz »Lieferungs-Wagen« heißt, das nennt Daimler »Geschäftswagen«. Als leichtere Kaliber gibt es bei der DMG diese Kastenwagen ab 1897. Kennzeichen dieser ersten Daimler-Transporter, die es in fünf Nutzlastvarianten von 800 bis 2500 Kilogramm gibt, sind ein über der Vorderachse platzierter Motor, die hohe Motorhaube sowie ein Viergang-Zahnradgetriebe. Als Motor verwendet Daimler anfangs sowohl einen Zweizylinder mit vier bis 8 PS als auch einen Vierzylinder mit sechs bis zwölf Pferdestärken. Als »Geschäftswagen« produzieren die Werke in Stuttgart das diese Fahrzeuge bis 1903.

Ab 1904 konzentrieren sich die frühen Daimler-Transporter dann auf das Nutzlastsegment von 750 bis 1000 Kilogramm und verfügen nur noch über Zweizylindermotoren. Die Produktion zieht schließlich nach Berlin-Marienfelde um, wo das Transporterkonzept aber nur noch bis 1909 verfolgt wird. Marienfelde widmet sich dann ganz den Lkw und Bussen. An das Werk hat der Aufsichtsrat entgegen den Wünschen Daimler damals Patente weitergereicht, es entwickelt sich zeitweise zu einem Wettbewerber des Mutterunternehmens, denn Daimler selbst besaß daran nur eine Minderheitsbeteiligung – das Geschäft machten andere. Bei Daimler folgen 1912 neue Lieferungswagen, deren Produktionsstätte sich dann aber wieder in Stuttgart-Untertürkheim befindet. Dafür steht das »U« im Kürzel der Modelle. Sie ist von ganz anderem Kaliber als die vorige Generation. Die leichte Variante – U ½ T genannt und für 500 bis 750 Kilogramm Nutzlast konzipiert – rollt auf Luftreifen an allen beiden Achsen, greift auf einen 22 PS starken Vierzylinder zurück und verfügt über Kardanantrieb. Die schwerere Ausführung hört auf die Bezeichnung U 1 T, schleppt 1250 bis 1500 Kilogramm Nutzlast mit erst 25, dann 32 PS und erhält ebenfalls einen Kardanantrieb. Vorn sind diese Transporter luftbereift, hinten rollen sie auf traditioneller Vollgummibereifung. Sie tragen Aufbauten wie Pritschen und Kasten.

Hinter dem Begriff Benz Gaggenau verbirgt sich eine Kooperation und dann Übernahme eines frühen Wettbewerbers. Hier ein Benz Gaggenau D 11 von 1911.

Das legendäre Würzmittel muss man niemandem vorstellen, transportiert hier von einem Daimler-Lieferungswagen U1T aus dem Jahr 1913.

Daimler UK2 aus dem Jahr 1920, Krankenwagen für das rumänische Militär.

Daimler 1c, Lieferwagen für die türkische Post aus dem Jahr 1920.

Im Nachkriegsjahr 1920 entfallen die leichten Varianten. An ihre Stelle treten ein U 1 mit 25 PS für 1150 bis 1250 Kilogramm Nutzlast sowie ein besonders schwerer U 2 T für 2500 Kilogramm Nutzlast mit stattlichen 50 PS an der Nahtstelle zu Lkw. Im Gegensatz zu seinen leichteren Kollegen ist der U 2 T rundum mit Vollgummireifen bestückt, beide rollen mit einer zwillingsbereiften Hinterachse. Die Produktion dieser Transporter läuft indes nur kurz. Die Grenze zwischen Lieferwagen und Lkw ist seinerzeit fließend. An Stelle der Lieferwagen treten für einige Zeit leichte Lastwagen wie der Daimler 1c aus Berlin-Marienfelde die in Gaggenau produzierten Benz-Lkw Typ 1C und 1 CN, jeweils rund eine Tonne Nutzlast.

1924 fertigt Daimler in Stuttgart einen Transporter ganz anderer Art. Die Rennfahrer Christian Werner und Alfred Neubauer – später legendärer Rennleiter – hatten die Idee eines Renntransporters. Dieser umgebaute Tourenwagen war erstmals im Jahr 1924 an der Rennstrecke im italienischen Monza zu sehen. Das aufgeladene Fahrzeug ist ein Mercedes-Rennwagen Typ »Monza«, benannt nach seinem ersten Einsatz. Sein Achtzylinder-Reihenmotor (!) mit Kompressor leistet aus zwei Liter Hubraum 125 kW (170 PS). Der Rennwagen ist eine der ersten eigenständigen Konstruktionen von Ferdinand Porsche nach seinem Eintritt in die Daimler-Motoren-Gesellschaft (DMG) im Jahr 1923 als Chefkonstrukteur.

Nach Gründung einer Interessengemeinschaft fusionieren Benz und Daimler 1926 zur Daimler-Benz AG. Nach dem Zusammenschluss definiert der neue Konzern den Transporter hauptsächlich als Lkw-Derivat: Sowohl der L 1 von 1926 (eine Tonne Nutzlast) als auch der N 1 und L 45 von 1928 (2,5 Tonnen) sind in einer speziellen Kastenwagenvariante lieferbar. In ihnen lebt die Transportertradition dann bis hin zum L 1100/L 1500 (bis 1941) in abgeschwächter Form weiter. Die Zahl in der Modellbezeichnung steht für die Nutzlast, als Antrieb der rund

Renntransporter mit einem Rennwagen Monza für das gleichnamige Rennen aus dem Jahr 1924. Am Steuer saßen die Rennfahrer Christian Werner und Alfred Neubauer.

Stattlicher Mercedes 17-70-100 PS aus dem Jahr 1925 mit einem Auf- und Ausbau als Krankenwagen. Ein Exportauftrag nach Russland.

fünf Meter langen Fahrzeuge mit Zwillingsbereifung dienen wahlweise Benzin- oder Dieselmotoren mit 45 PS. Es ist der identische Motor mit 2,6 Liter Hubraum der im ersten Diesel-Personenwagen der Welt arbeitet. Vom L 1500 abgeleitet gibt es ebenfalls Militärfahrzeuge. Bis zu neuen eigenständigen Transportern tritt eine lange Pause ein.

Eine Klasse darüber sieht die Welt anders aus. Schon 1932 präsentiert Daimler-Benz auf dem Genfer Automobilsalon mitten in der Wirtschaftskrise den Lo 2000. Er ist mit dem neu konzipierten 3,8-Liter-Vorkammerdiesel OM 59 mit 55 PS bestückt und verhilft dem Selbstzünder zum Durchbruch auf breiter Front. Selbst im schweren Lkw war der noch junge Fahrzeugdiesel zu dieser Zeit noch keine Selbstverständlichkeit. Stolz und unübersehbar verkündet ein unterhalb des Sterns auf dem Kühlergrill platzierter Schriftzug »Diesel« beim Lo 2000 die neue Errungenschaft. Wendig, schnell und sparsam, findet dieses Fahrzeug großen Anklang. Seine universelle Konzeption erlaubte die Verwendung als Kipper, Möbel-, Tank- und Kühlwagen sowie als Sonderfahrzeug für Kommunen, Polizei und Feuerwehr. Auch als Sanitätsfahrzeug machte sich der Lo 2000 von Anfang an nützlich. Von 1934 an bereichern sogar erste Sattelzugmaschinen das Programm. Der neue Schnell-Lastwagen ist ein Allrounder

Das Chassis ist als Kompromiss aus Hoch- und Niederrahmen konzipiert, sodass diese so genannte Halbniederrahmen-Konstruktion mit schwach gekröpftem Rahmen sich sowohl für den Bus als auch für den Lkw eignete. Das kleine »o« in der Typenbezeichnung weist auf diese Eigenart hin. Schrittweise vermehrt sich die Lo-Familie um Typen mit höherer Nutzlast und stärkeren Motoren.

Es gibt ebenfalls von Personenwagen abgeleitete Lieferwagen und Transporter. Ab 1927 bietet Mercedes-Benz zum Beispiel unter der Bezeichnung L ¾ ein Fahrzeug an, das auf dem 8/38-35 PS (1926–1928) basiert, über den besonders langen Radstand von 3250 Millimetern verfügt und somit zumeist als Lieferwagen, Krankenwagen sowie Pritschenwagen oder Kleinbus Verwendung findet. Technisch unterscheidet sich der L ¾ nur in wenigen Details vom Pkw: Kardanwelle statt Schubrohr sowie heckseitig horizontale statt nach unten auslaufende Rahmenlängsträger sind die nennenswerten Unterschiede. Ab Juli 1929 lastet das Werk den L ¾ für eine Nutzlast von 1000 Kilogramm auf und benennt das Fahrzeug dann auf L 1000 um. Der wird bis 1936 gebaut und erreicht eine Gesamtstückzahl von immerhin 2376 Einheiten. Auch das Mittelklasse-Modell namens Stuttgart (mit Sechszylindermotor) und sogar der gehobene Mercedes-Benz Nürburg mit einem Reihenachtzy-

Mercedes-Benz L 1000, kompakter Lieferwagen aus der Zeit der Fusion von Daimler und Benz im Jahr 1926.

Transporter oder leichter Lkw? Der Mercedes-Benz L1 aus dem ersten gemeinsamen Progamm nach der Fusion von Daimler und Benz.

Weine und vor allem Sekt von Rilling aus Stuttgart sind noch heute angesehen. 1928 transportiert in einem Mercedes-Benz L 45.

Wenn Kundendienst, dann so auffällig wie hier: Servicewagen des Karosseriewerks Sindelfingen, Mercedes-Benz L 1000 des Jahres 1929.

Nobles Chassis, auch für Nutzfahrzeuge geeignet: Mercedes -Benz Nürburg mit Achtzylinder-Reihenmotor im Werk Mannheim.

linder-Triebwerk werden um 1930 herum dank ihrer klassischen Chassisbauweise problemlos in Lieferwagen und Krankenwagen verwandelt.

Als Transporter-Benjamin gesellt sich dazu von 1932 bis 1935 außerdem ein als Kastenwagen modifizierter Typ 170 (intern W 15), der entsprechend seiner Nutzlast von 300 Kilogramm dann als L 300 in den Verkaufshandbüchern steht. Er ist mit nur 3,7 Meter Länge sehr kompakt. Der Benzinmotor mit 1,7 Liter Hubraum, immerhin ein Sechszylinder, leistet 32 PS. Beachtung verdient die sogenannte »achslose Radaufhängung«, sprich Einzelradaufhängung an der Vorderachse.

Im Februar 1936 steht die Internationale Automobil- und Motorrad-Ausstellung (IAMA) in Berlin im Zeichen des Jubiläums »50 Jahre Automobilbau«. Zu den Exponaten gehört der neue Mercedes-Benz 170 V mit der internen Bezeichnung W 136. Das »V« steht für den vorn eingebauten Motor, dementsprechend hat der ebenfalls erhältliche, aber weit weniger erfolgreiche 170 H (W 28) einen Heckmotor. Rückgrat der Neukonstruktion ist der x-förmige Ovalrohrrahmen, der bei größerem Radstand rund 50 Kilogramm leichter und zudem steifer ausfällt als der bis dahin verwendete Kastenrahmen. Die Vorderräder sind einzeln an zwei quer liegenden Blattfederpaketen aufgehängt. Hinten kommt eine Pendelachse mit Schraubenfedern zum Zug. Der 170 V entpuppt sich als anspruchsloses Mittelklassemodell. Damit entwickelt er sich rasch zum verkaufsstärksten Personenwagen von Mercedes-Benz jener Jahre und bietet sich ebenfalls als Plattform für Kastenwagen an. Ob Servicefahrzeug, Postfahrzeug oder Krankenwagen – mit großer Hecktür, mit gut 300 Kilo Nutzlast sowie einer Motorleistung von 38 PS aus einem Vierzylinder mit 1,7 Liter Hubraum ist das anspruchslose Fahrzeuge ein beliebter kompakter Lastesel, der bis zum Jahr 1942 gefertigt wird.

Es ist ein wegweisendes Datum für die damalige

Daimler-Benz AG: Im November 1945 erteilt die Wirtschaftsbehörde der US-Besatzungszone dem Stuttgarter Automobilhersteller die Produktionserlaubnis für Pritschenwagen, Kastenwagen und Krankenwagen auf Basis des Personenwagens 170 V (W 136). Im Frühjahr 1946 wird die Lizenz auf den Personenwagen erweitert. Zu diesem Zeitpunkt läuft seit Juni 1945 bereits die Produktion des Dreitonner-Lastwagens vom Typ L 701 im Werk Mannheim – dort fertigt Daimler-Benz diesen Lizenz-Nachbau des Opel Blitz bereits in den letzten Kriegsjahren.

Im Mai 1946 verlässt ein Pritschenwagen als Erstes von 214 in jenem Jahr hergestellten Fahrzeugen die Endmontage im Werk Sindelfingen. Im Juni folgt der erste Lieferwagen mit Kastenaufbau, im September ein Krankenwagen und im Oktober ein Polizeistreifenwagen. Die Stückzahlen sind gering, die Zeitabstände der Anläufe groß – die Produktionsbedingungen in den überwiegend kriegszerstörten Werken sind alles andere als normal. Erst Mitte 1947 folgt den kleinen Nutzfahrzeugen die viertürige Limousine 170 V.

Die Lieferwagen sind äußerst einfach ausgestattet. Bei ihren Karosserien muss aufgrund Materialmangels zunächst improvisiert werden. Mangels Blechen besteht das spartanische Fahrerhaus aus einfachen Holzfaserplatten, wie schon beim L 701. Als Seitenscheiben kommen Schiebefenster zum Einsatz, die Türen werden mit simplen Kastenschlössern arretiert. Spanplatten zählen nicht zur Industriewelt von Daimler-Benz, daher liefert sie die Aufbaufirma Hägele in Göppingen zu (»Hägele-Fahrerhaus«). Die Armaturen mit schwarzem Zifferblatt entsprechen zunächst den Instrumenten der früheren

Kompakte Karosserie, elegante Beschriftung: Lieferwagen L 300 mit Kastenaufbau aus dem Jahr 1932.

Sachsen ist die Heimat der Delitzscher Schokoladenfabrik, einst Böhme. Ab 1932 geliefert in einem Lo 2000 mit Kastenaufbau und einer Regaleinrichtung.

Nochmals Schokolade, hier von Moser-Roth in Stuttgart. Dazu passend: Der Mercedes-Benz Typ Stuttgart von 1932 als Kastenwagen.

Ein Hauch von Komfort für Lieferwagen-Fahrer: Die »Schwingachsen« mit vier einzeln aufgehängten Rädern sorgen für Fahrsicherheit und Komfort im 170 V.

Kugellager, Rollenlager, auch Hirth-Verzahnungen von Norma aus Stuttgart, passend ein Mercedes-Benz 170 V Jahrgang 1936.

Erste Nachkriegs-Fertigung: Pritschenwagen für die Polizei von 1946 auf Basis 170 V mit spartanischem Spanplatten-Fahrerhaus, zugesteuert von Hägele.

170 V mit Kofferaufbau, ebenfalls vermutlich aus dem Jahr 1946, versehen mit dem schlichten Hägele Fahrerhaus.

Wehrmacht-Kübelwagen. Ans Fahrerhaus schließt sich je nach Verwendungszweck eine Pritsche, ein Kasten- oder ein Krankenwagenaufbau an. Die Polizeipritschenwagen erhalten Plane, Spriegel und auf der Ladefläche zwei gegenüberliegende Sitzbänke. Bis zum Jahresende 1946 werden in verschiedenen Varianten 183 der kleinen Nutzfahrzeuge sowie 31 Krankenwagen gebaut.

Die Mühen unter Bedingungen einer Arbeit in teilzerstörten Werken und mit unterbrochenen Lieferketten und Materialmangel sind enorm. Eine Presseerklärung Ende 1946 lässt wissen: »Irgendwelche Planungsziffern lassen sich, wie wohl in der gesamten eisen- und stahlverarbeitenden Industrie, nicht mehr geben. Wir leben auch hier von der Hand in den Mund. Neue Material- und Rohstoffsorgen können alle Dispositionen täglich illusorisch machen.« Dabei ist der Bedarf an Nutzfahrzeugen für den Wiederaufbau Deutschlands gewaltig – für den Hersteller indes alles andere als rentabel: Die Fahrzeuge werden dem Abnehmer zugeteilt, die Preise sind festgelegt: »Da wir zum Beispiel für den 170 V nur einen von der Preisbehörde festgesetzten Höchstpreis von 6200 Reichsmark berechnen durften, brachte dieser Fertigungsanlauf naturgemäß erhebliche Verluste. Es wurde zu jener Zeit ein neuer 170 V, den wir zu dem vorgenannten Preis verkaufen mussten, in zweiter Hand mit circa 100 000 bis 120 000 Reichsmark weiterverkauft«, heißt es im zusammengefassten Geschäftsbericht der Jahre 1945 bis zur Währungsreform am 20. Juni 1948.

Während der 170 V noch bis 1953 weiterläuft, präsentiert Daimler Benz 1949 die ersten neuen Nachkriegs-Modelle: Da wäre der 170 D mit Dieselmotor. Vorstand Friedrich »Fritz« Nallinger: »In der heutigen Zeit des wieder wirtschaftlichen Denkens und Rechnens erschien es uns angebracht, für gewisse Zwecke der Wirtschaft, wiederum ein leistungsfähiges, sehr wirtschaftliches Fahrzeug zur Verfügung zu stellen.« Gleichzeitig hat der 170 S Premiere. Nallinger sah bei seiner Entwicklung die Aufgabe, »eine Synthese der Ökonomie unseres Wagens der Mittelklasse mit der Fahrsicherheit und dem Fahrkomfort unserer grossen Wagen und der Rassigkeit eines sportlich ausgelegten Wagens zu suchen.« Der Motor leistet bei unverändertem Hubraum nun 52 PS. Das Fahrwerk stammt aus der Oberklasse, mit Doppeldreieckslenker und Schraubenfedern vorn sowie einer Pendelachse mit Schraubenfedern und Zusatzfeder hinten. Daimler-Benz stellt fest, dass »ein erheblicher Fortschritt in der Fahrsicherheit, in der Federungsgüte, kurz, im wahren Fahrkomfort erreicht ist.« Die Grundform der Karosserie stammt vom 170 V, sie ist jedoch unter anderem deutlich breiter und von üppiger geformten Kotflügeln vorn gekennzeichnet. Noch einmal Daimler-Benz: »Die Sindelfinger Ganzstahl-Aufbauten sind innerlich wie äusserlich von erlesener Eleganz und einer sozusagen ‚zeitlosen' Schönheit.« Schritt für Schritt fließen weitere Änderungen ein, etwa ein Dieselmotor mit 40 PS aus 1,8 Liter Hubraum. Bald beendet Daimler-Benz die Fertigung eigener Kastenaufbauten für Nutzfahrzeuge. Sie steuert nun bis 1955 das Unternehmen Lueg in Bochum zu, einst bereits Partner von Benz und heute einer der wichtigsten Autohändler von Mercedes-Benz. Die Aufbauten werden für Krankenwagen verwendet, aber auch als Lieferwagen und Servicefahrzeug genutzt.

Die beschworene »erlesene Eleganz« und »zeitlose Schönheit« trifft indes nur einen überschaubaren Zeitraum zu: 1953 präsentiert Daimler-Benz den »Ponton« Mercedes-Benz 180 als neue Baureihe der Mittelklasse. Der 170 S wechselt mit diesem Schritt auf das einfachere frühere Fahrgestell, bis er 1955 eingestellt wird. Damit endet die lange und wechselhafte Frühzeit der Lieferwagen und Transporter von Benz, Daimler und schließlich Daimler-Benz mit der Marke Mercedes-Benz. Von 1949 bis 1955 sind von rund 70 000 Fahrzeugen der 170er-Baureihe rund 4000 Fahrgestelle für Sonderaufbauten gefertigt worden. Nun aber brechen völlig andere Zeiten an.

Der 170 V läuft bis in die Mitte der fünfziger Jahre. Hier mit einem Krankenwagen-Aufbau von Lueg aus dem Jahr 1954.

1955: Mercedes-Benz L 319 – der erste Großtransporter erweitert das Lkw-Spektrum.

September 1955, IAA in Frankfurt: Das Kriegsende ist zehn Jahre her, bei Pkw wie Nutzfahrzeugen ist eine junge Fahrzeuggeneration mit Stern am Start. Sie umfasst zum Beispiel die noch frischen »Ponton«-Modelle und den spektakulären Supersportwagen 300 SL sowie den neuen 190 SL ebenso wie den kurz zuvor aufgelegten modernen Heckmotorbus O 321 H und die ersten Frontlenker-Lkw des Baumusters LP 315. Die umfangreiche Pressemappe zur Veranstaltung listet zuerst kurz neue Modelle auf, dann verbesserte Modelle, im Anschluss schon ausführlicher die spektakulären Rennerfolge mit neun Siegen in den vergangenen zwölf Grand Prix.

Erwartungsgemäß deutlich langsamer unterwegs als die Silberpfeile ist der neue Transporter L 319. Der Neue steht ein wenig verfrüht auf der IAA – er geht als Transporter L 319/319 D und Minibus O 319/319 D erst ein Jahr später in Serienfertigung. Der erste Transporter mit Stern seit langem – lassen wir den Lieferwagen 170 V mal beiseite – ist dem neuen Omnibus O 321 und dem Lkw 315 wie aus dem Gesicht geschnitten. Hier wie dort markant ist der Ovalgrill, er fasst den selbstbewusst-großen mittigen Zentralstern und Rundscheinwerfer ein. Ebenso wie beim O 321 H oder den etwa gleichzeitig erscheinenden ersten Frontlenker-Lkw von Mercedes-Benz. Die Gestaltung des Grills ähnelt ebenfalls den SL-Sportwagen dieser und weiterer Generationen, weshalb Kenner auch vom SL-Grill sprechen.

Obwohl auf Nützlichkeit getrimmt, vermitteln die angedeuteten geschwungenen Kotflügel der Vorderräder einen Hauch von Schick, sie gehen nahtlos in die Frontpartie über. Oben kennzeichnet eine große einteilige Panorama-Windschutzscheibe das Gesicht des L 319. Mit

Neustart mit dem L 319/L 319 D: unter Verwendung von Pkw-Komponenten und Lkw-Technik baut Mercedes-Benz seine Nutzfahrzeugpalette mit einem eigenständigen Transporter aus.

1955: L 319

Die Antriebseinheit aus Motor und Getriebe ist auf einem Fahrschemel angeordnet. Die Motoren stammen aus dem Pkw-Regal vom 180 D und dem 190er.

diesem modernen Merkmal übertrumpft er seine großen Nutzfahrzeug-Geschwister und erreicht zeitgemäßes Pkw-Niveau. Kleine trapezförmige vordere Seitenfenster verbinden Windschutzscheibe und Seitenfenster. Zwei schmale, seitlich umlaufende Chromstreifen – beim feineren Minibus O 319 ein Chromband – fassen die zentral angeordnete Markenplakette ein. Sie ist über einen dezenten senkrechten Knick mit Kühlergrill und Stern verbunden. Diesen Kniff nutzt Mercedes-Benz für Omnibusse bis heute. Optisch ist der L 319 D trotz seines ungewöhnlichen Erscheinungsbilds ein moderner Transporter aus einem Guss.

Entwicklungsvorstand Friedrich Nallinger anlässlich der Präsentation der IAA-Neuheiten 1955: »Der Konstruktionstendenz dieses Fahrzeuges lag zu Grunde: möglichst geringes totes Gewicht, möglichst kurze Baulänge, der Laderaum dieses Fahrzeuges soll einen möglichst hohen Prozentsatz der Baumaße des Gesamtfahrzeuges einnehmen.«

Typisch für die fünfziger Jahre ist daher die raumökonomische Frontlenker-Bauweise. Untypisch jedoch der komfortable Einstieg hinter der weit nach vorn gerückten Vorderachse. Er wird alle späteren Transporter mit

Vielfalt ist Trumpf: L 319/L 319 D als Pritschen- und Kastenwagen.

Der Transporter des Wirtschaftswunders: Doppelkabine für den Bau.

Stern kennzeichnen, die Mercedes-Benz ohne Einflüsse von außen selbst entwickelt. Nochmals Vorstand Nallinger: »Der Fahrer hat ein sehr günstiges Blickfeld. Er kann die Fahrbahn direkt vor dem Fahrzeug gut übersehen und hat auch nach rechts und links einen ausgezeichneten überblick. Im Vergleich mit Wagen mit Motorhaube bedeutet dies einen grossen Vorteil. Die günstige Auslegung des Wagens zeigt sich weiter darin, dass von der Gesamtlänge dieses Fahrzeuges 91 % als Ladefläche ausgebildet werden konnten.«

Der Neue hat technisch unterschiedliche Wurzeln. Da wäre klassische robuste Lkw-Technik mit blattgefederten Starrachsen vorne und hinten, dort mit Zwillingsbereifung und Zusatz-Schraubenfedern. Da wären aber auch eher knapp bemessene Motoren aus dem Pkw-Regal, zunächst im L 319 D der Diesel aus dem 180 D mit 1,8 Liter Hubraum und 32 kW (43 PS), ein Jahr darauf im L 319 ergänzt durch den 1,9-Liter-Benziner mit 48 kW (65 PS) aus dem 190er. Sie sind vorne in der Kabine auf einem Fahrschemel angeordnet und treiben die Hinterachse an. Anderswo sind damals und noch für viele Jahre Benziner vorherrschend, beim L 319/319 D ist es umgekehrt – ein Beweis für die Nutzfahrzeuggene. Das Vierganggetriebe aus dem Pkw wird per Lenkradschaltung bedient – wer

Das Cockpit ist schmucklos aber praktisch mit einer breiten Ablage und einem Beifahrer-Doppelsitz, der Motor steckt vorne in der Kabine.

will, kann darin die Joystick-Schaltung oder den Automatik-Wählhebel als Lenkstock moderner Transporter erkennen. Aber es ist nicht mehr, als die seinerzeit für Pkw übliche Technik.

Die Bauweise der semi-selbsttragenden geschlossenen Varianten mit einem Kastenprofilrahmen erinnert an die Ponton-Pkw, das Gerippe mit Blechbeplankung für den geschlossenen Aufbau wiederum an Omnibusse. Das Fahrgestell mit Fahrerhaus erhält einen Rahmen aus einem U-Profil. Die Variante als Tieflader-Pritsche – sie erinnert mit ihren Seitenwänden eher ein Pickup – dagegen den Kastenprofilrahmen. Die erste Broschüre betont mit der damals üblichen Zeichnung auf der Titelseite die Klammer zwischen Nutzfahrzeug und Pkw: Auf dem Bild reiht sich der L 319, einsatztypisch vor einer Gemüsehandlung drapiert, in den Straßenverkehr ein. Am Transporter vorüber ziehen eine Mercedes-Benz »Ponton«-Limousine und der Sportwagen 300 SL. Vorstand Nallinger: »So sind in diesem Fahrzeug die modernen Prinzipien der Personenwagenkonstruktion mit den neuesten Erfahrungen im Nutzwagen- und Omnibusbau gekoppelt.«

Für viele Freunde der Marke gilt der L 319/319 D als erster Transporter der Marke. Doch das 4,82 Meter lange

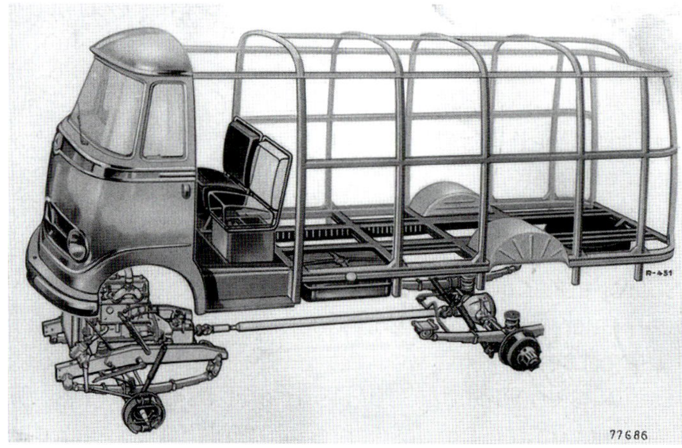

Die Aufbautechnik der geschlossenen Ausführungen in Spantentechnik erinnert an Omnibusse.

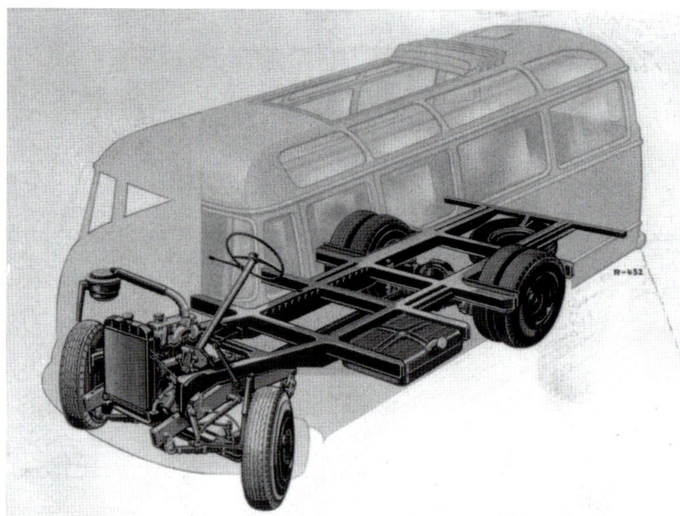

Unter der Karosserie der geschlossenen Fahrzeuge - hier ein Kleinbus O 319 - steckt eine Rahmenbodenanlage.

und knapp zwei Meter breite Fahrzeug ist mit immerhin 3,6 Tonnen zulässiger Gesamtmasse oberhalb der kompakten DKW Schnell-Laster, Ford FK, Tempo Matador und VW Transporter sowie unterhalb leichter Lkw angesiedelt. Mit knapp zwei Tonnen Nutzlast für den Kastenwagen trägt der L 319 die doppelte Fracht der kompakten Transporter. Er erweitert das Lkw-Programm des Unternehmens und schließt an den Lastwagen L 3500 unter geschickter Verwendung von Pkw-Antriebsaggregaten an. Der L 319/319 D steht zunächst im Wettbewerb mit Opel Blitz, Hanomag L 28 und Borgward B 1500, die jedoch als klassische Haubenwagen mit Pritschenaufbau antreten. Der L 319/319 D darf somit mit Fug und Recht als Begründer der Klasse der Großtransporter gelten. Und als Vorbild: Wenige Jahre nach seiner Premiere werden ihm Borgward B 1500 F und Hanomag Kurier/Garant als Großtransporter in Frontlenker-Bauweise nacheifern, wenn auch mit einem unbequemeren Einstieg vor der Vorderachse.

Den Kastenwagen L 319/319 D gibt es optional auch mit Schiebetüren für das Fahrerhaus, als hätte man damals bereits die heutigen Paketverteiler im Blick gehabt. Die Einrichtung ist karg: Innenverkleidungen und Geräuschdämmung sind weitgehend Fehlanzeige. Auch das mager bestückte Armaturenbrett beschränkt sich auf Tachometer und Kühlmittel-Thermometer. Eine Tankuhr fehlt zunächst, der Fahrer muss selbst kalkulieren, wie weit die 60 Liter Treibstoff reichen, das zusätzliche Kombi-Instrument mit gründlicheren Informationen folgt erst später. Das Lenkrad erhält dann auch den markentypischen Signalring dieser Jahre: Ein Druck darauf betätigt die Hupe, drehen nach links und rechts betätigt den Blinker. Die Betriebsanleitung informiert über das Abschmieren einer Handvoll Schmierstellen rund um das Fahrgestell alle 1000 Kilometer, ebenso über das Nachziehen von Zylinderkopfschraubern, das Einstellen des Ventilspiels und die Reinigung von Öl- und Kraftstofffilter – Fahrer sind in jenen Jahren auch Wagenpfleger und Mechaniker.

Der robuste, wendige und tragfähige L 319 trifft den Nerv der Zeit, ebenso der davon abgeleitete Minibus O 319. Beide rollen aus unterschiedlichen Werken, der L 319 aus Sindelfingen – der Begriff »Karosserie Sindelfin-

Schmucker Minibus O 319 D mit Chromschmuck unterhalb der Windschutzscheibe und Dachrandverglasung.

Wettbewerbsvergleich: O 309-Prototyp 1955 mit eigenwilliger Frontpartie gegen VW Bus.

Beste Aussichten für die Fahrgäste und den Steuermann: Üppig verglaster O 309 des Jahres 1956.

gen« gilt als Gütezeichen – und der O 319/319 D aus dem Werk Mannheim. Dieses ehemalige Benz-Werk wird erst in diesen Jahren zum Omnibuswerk umgewidmet. Der O 319/319 D verwöhnt seine Fahrgäste je nach Ausführung mit einer Dachrandverglasung. Auf Wunsch gibt es schmucke mehrfarbige Lackierungen, ein Faltschiebedach, eine zweite Tür zum Fahrgastraum und unterschiedliche Bestuhlungen vom schlichten Linienbus mit 18 Fahrgastsitzen einschließlich Klappsitzen bis zum Luxusbus mit zehn versetzt angeordneten Polstersesseln, mit Veloursbezügen und verstellbaren Rückenlehnen. Daimler-Benz attestiert dem Minibus eine »Federung mit allen Schikanen«, sowie dank der serienmäßigen Heizung des Fahrgastraums »behaglichen Aufenthalt im Wageninnern auch während der kalten Jahreszeit« und somit »Komfort wie beim Personenwagen«.

Der Bus kommt aus dem eigenen Haus, anderes steuern Aufbauer zu: Krankenwagen, Feuerwehren, Getränkefahrzeuge, Kipper, fesche Minibusse, ja selbst große Reisemobile und zunächst auch die Doppelkabinen stammen von Karossiers für zahlreiche Branchen. Mercedes-Benz selbst legt nach mehreren Jahren ebenfalls nach, wechselt 1961 beim Diesel L 319 D auf eine Zweiliter-Maschine mit nun 37 kW (50 PS). Der Benziner erstarkt dezent auf 50 kW (68 PS).

Ende 1961 bis Frühjahr 1962 ziehen L 319 und O 319 von Sindelfingen und Mannheim um, die neue gemeinsame Heimat heißt Düsseldorf. Das Unternehmen reorganisiert seine Fertigung, Sindelfingen wird zum reinen Pkw-Werk, Mannheim zum Werk für große Omnibusse. Düsseldorf wiederum ist ab sofort das Transporterwerk. Dahinter verbirgt sich eine spannende Industriegeschichte.

Als die Fliegerei noch ein Luxus war: Komfortabel ausgestatteter Crewbus.

Einst kam die Sparkasse noch zu ihren Kunden: rollende Zweigstelle mit Spezialaufbau üppiger Verglasung und großer Innenstehhöhe.

Kleiner Bus in einem kleinen Land: Segnung eines O 319 mit Fahrtzielkasten und Dachrandverglasung im Pyrenäenstaat Andorra.

Die Überschrift des Katalogs von 1958 ist Programm: vielfältige Sonderaufbauten auf Basis L 319/L 319 D.

So haben ihn die meisten Beobachter im Gedächtnis: Kastenwagen, hier eine Ausführung Jahrgang 1960.

Sogar als Müllsammelfahrzeug im Einsatz: Transporter L 319 LKO 405 aus dem Jahr 1964.

Die führenden Köpfe der ursprünglich sächsischen Auto Union hatten in Westdeutschland mit der Marke DKW einen Neuanfang gewagt. Sie richten zunächst eine Fertigung in einem ehemaligen Militärgelände in Ingolstadt ein. Als zweiter Standort kommt 1950 in Düsseldorf ein weitgehend kriegszerstörtes Gelände von Rheinmetall-Borsig hinzu. 1958 geht dem kapitalschwachen Unternehmen indes die Luft aus, die Daimler-Benz AG übernimmt unter Beibehaltung der Marken. Doch DKW schwächelt weiter, während es bei Mercedes-Benz brummt. Konsequenz nach langen und schwierigen Diskussionen: Die Auto Union konzentriert ihre Fertigung auf Ingolstadt, Daimler-Benz pachtet das Werk Düsseldorf zunächst, verlagert L/O 319 dorthin und nimmt im April 1962 die Produktion auf.

In seiner zweiten Lebenshälfte ergänzte eine Variante mit langem Radstand das Programm des Minibusses.

Mit starren Seitenwänden eher Pickup statt Pritsche: früher Tieflader-Pritschenwagen mit niedriger Beladehöhe.

Auf den Ortswechsel folgt ein Jahr später ein Tausch des Namens. Analog zu den Lkw mit Stern wechseln auch die Transporter von der kryptischen Konstruktionsbezeichnung zur bis heute gültigen Nomenklatur. Sie setzt sich aus den gerundeten Zahlen für die zulässige Gesamtmasse in Tonnen und der Motorleistung in PS zusammen. Entsprechend wird aus einem L 319 ein L 407 (3,6/3,9 Tonnen, 68 PS) und aus dem L 319 D ein L 405 (3,6/3,9 Tonnen, 50 PS). Bei den Omnibussen, also auch beim Minibus aus Düsseldorf, belässt es Daimler-Benz noch viele Jahre bei den alten Bezeichnungen, O 319 und O 319 D fahren daher weiter.

Parallel zur Umbenennung gibt es technische Weiterentwicklungen: Die Doppelkabine wird nun im eigenen Hause gefertigt, alternativ zu 3,6 Tonnen steigt die zulässige Gesamtmasse auf 3,9 Tonnen. Für die Pritschenwagen kommt mit 3600 Millimetern ein zweiter Radstand hinzu, bisher belief sich der Achsabstand einheitlich auf 2850 Millimeter.

Was nichts daran ändert, dass sich die Laufbahn dieser Großtransporter-Familie dem Ende näherte: Zum Jahreswechsel 1966/67 steht ein Modellwechsel an. Die Geschichte des L 319 endet im Jahr 1968. In der spanischen Dependance, dem ebenfalls von der Auto Union übernommenen Werk Vitoria, sogar erst 1970. Für die dortige Fertigung des einst wegweisenden Großtranstransporters liefert Daimler-Benz bis zu diesem Jahr CKD-Teile zu. Derweil läuft in Düsseldorf längst der nächste Großtransporter von den Bändern.

So groß kann klein sein, wenn Aufbauer loslegen: üppiger Möbelkoffer, fotografiert 1966 in Genf.

1955: Das blaue Wunder

Drei Traumwagen unter sich: Nachbau des Renntransporters mit zeitgenössischer Fracht und einem 300 SL Flügeltürer im Vordergrund.

1955: Das blaue Wunder – der legendärste Transporter mit Stern erreicht die kleinste Stückzahl

Für Autobahnnutzer muss es schockierend gewesen sein: Plötzlich nähert sich mit von hinten ein Trumm von einem Fahrzeug mit freundlich-harmlosem Mercedes-Benz-Gesicht und zieht mühelos auf der Überholspur vorbei. Mitte der fünfziger Jahre läuft der gutbürgerliche Mercedes-Benz »Ponton« 126 km/h, wer auf Fernstraßen mit Tempo 100 fährt, ist sehr zügig unterwegs. Und dann drischt wie der Gottseibeiuns dieses eigenwillige Gefährt mit fast 170 Sachen vorbei und ist nach wenigen Sekunden wieder verschwunden. Blau lackiert, mannshoch hoch, 6,75 Meter lang, 3,05 Meter Radstand und zwei Meter breit, mit einem Silberpfeil auf dem Rücken, entweder ein Rennsportwagen vom Schlage 300 SLR oder ein Formel-1-Renner des Typs W 196. Auf den Türen die Aufschrift »Mercedes-Benz Rennabteilung.« Irgendwann hat jemand »105 m.p.h.« aufgemalt, das kürzt Fragerunden im Fahrerlager oder an der Tankstelle ab.

»Das blaue Wunder« wird der legendäre Renntransporter genannt – und wird diesem Anspruch gerecht. Ein Einzelstück auf Wunsch des legendären Rennleiters Alfred Neubauer, es soll Zeit sparen für Instandsetzungen und Optimierungen der Silberpfeile im Werk zwischen

Und hier das Original von 1955: Fahrerhaus vom Mercedes-Benz Ponton, auf dem Rücken ein Silberpfeil.

Eigenwillige Proportionen: Fahrerhaus vor der Vorderachse. Dahinter aerodynamisch günstige Seitenverkleidungen.

Rudolf Uhlenhaut, legendärer Leiter der Rennabteilung, Entwickler und später Vorstand.

den Rennen. Es ist die Zeit von Juan Manuel Fangio, Karl Kling, Stirling Moss und anderen Rennsportgrößen, sie fahren von Sieg zu Sieg.

Der Renntransporter entsteht im Prototypenbau. Die einzige Vorgabe: Er soll sehr schnell einen Rennwagen befördern. Die findigen Konstrukteure dieses ganz anderen Transporters greifen auf vorhandene Komponenten zurück. Da wäre das verlängerte Rohrrahmenchassis des Mercedes-Benz 300 S, der Motor des 300 SL in einer Variante mit 141 kW (192 PS) und eine weit vorn angesetzte Kabine mit Karosserieteilen und Elementen der Ausstattung des Mercedes-Benz 180 sowie den schalenförmigen Sitzen des 300 SL. Unter der Ladeplattform sind die Flanken zugunsten der Aerodynamik teils verkleidet. Damit nichts und niemand den schnellen Mercedes-Benz aufhält, steckt links und rechts jeweils ein Reserverad im Platz zwischen den Achsen.

Mercedes-Benz gewinnt in diesem Jahr die Sportwagen-Weltmeisterschaft, die Formel-1-Weltmeisterschaft und zusätzlich die europäische Tourenwagen-Meisterschaft. Mehr geht nicht, prompt zieht sich Mercedes-Benz aus dem Rennsport zurück. Die Renn-Ingenieure wechseln in die klassischen Entwicklungsabteilungen, Rennleiter Alfred Neubauer wird Ruheständler. Der Leiter der Rennabteilung, Rudolf Uhlenhaut, steigt als herausragender Entwickler bis in den Vorstand der damaligen Daimler-Benz AG auf. Der Renntransporter ist nach seiner kurzen Karriere noch einige Jahre auf Messen sowie im Fahrversuch im Einsatz. 1967, so heißt es, lässt ausgerechnet Uhlenhaut das Einzelstück verschrotten.

Renntransporter mit Formel-1-Renner W 196 auf dem Rücken - die schnellste Verbindung von Rennpisten und Werk.

Cockpithülle größtenteils vom Ponton, drinnen Sitze aus dem 300 SL, dann mit bis zu 170 Sachen über die Autobahn.

Der Hinweis auf die Höchstgeschwindigkeit wurde später angebracht um Fragen vorzubeugen. Sichere Befestigung der kostbaren Fracht.

Liebevoller Nachbau, gefertigt originalgetreu von Könnern ohne Vorlage von Zeichnungen, allein anhand historischer Bilder.

Damit ist die Karriere des faszinierenden Fahrzeugs jedoch nicht beendet. In den neunziger Jahren darf das blaue Wunder als Nachbau auferstehen. Eine Herausforderung, denn es existieren keinerlei Zeichnungen oder gar digitale Daten. Anhand von Bildern und den vorliegenden Eckdaten lässt das Mercedes-Benz-Museum den einzigartigen Transporter exakt nachfertigen. Macht eine Gesamtstückzahl von zwei Exemplaren in rund 45 Jahren – und damit den wohl exklusivsten Transporter aller Zeiten.

Schnittige Konstruktion: Die Höchstgeschwindigkeit von 170 Sachen nimmt man dem Renntransporter auf Anhieb ab.

MERCEDES-BENZ
Rennabteilung

1966: Düsseldorfer Transporter

– sie nennen ihn Düdo, der Großtransporter zwischen den Welten

Klassiker folgt auf Klassiker: Der rundliche L 319 D ist gegangen, der kantige Düsseldorfer geht an den Start.

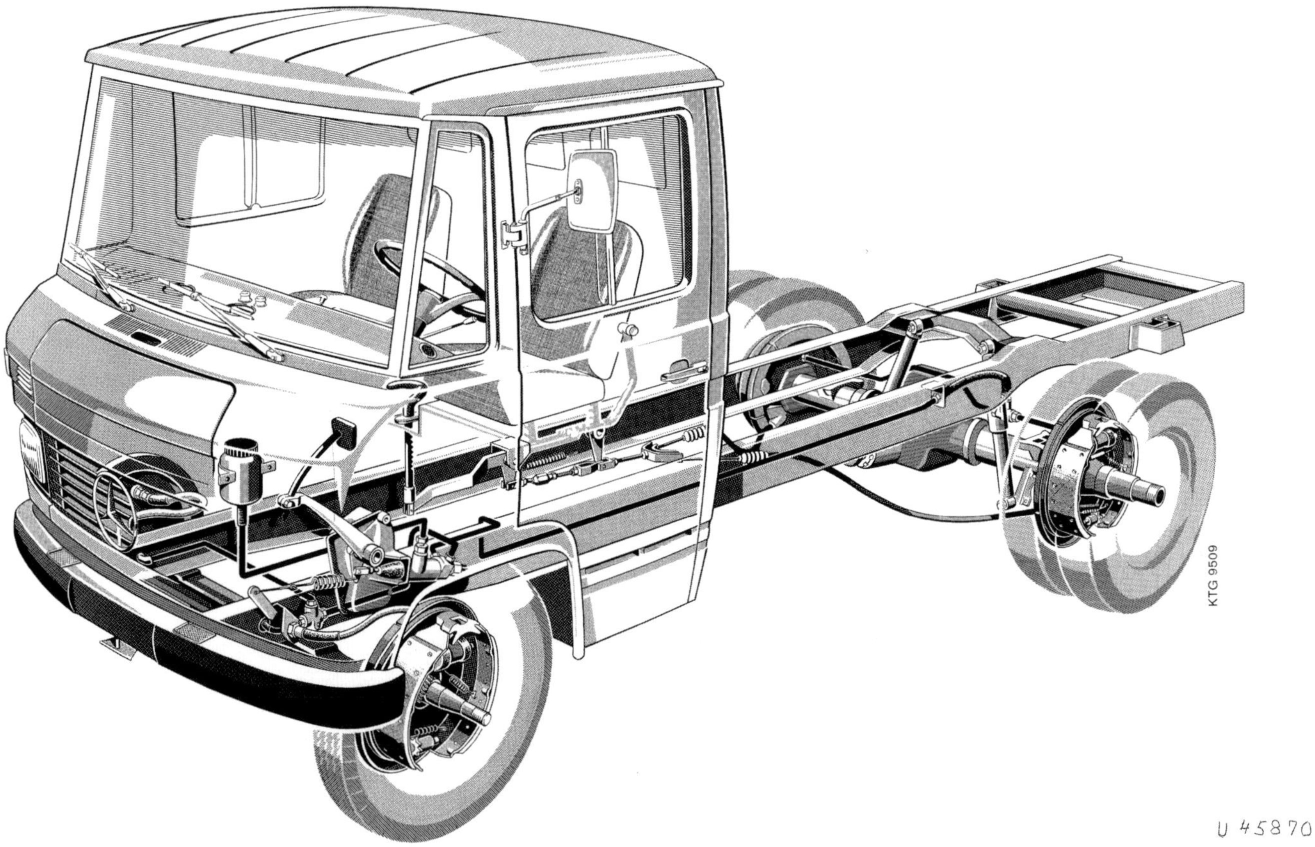

Mercedes-Benz Transporter L 406/L 408

Sistema di freni: I servofreni doppi su tutte le ruote hanno, grazie a due ganasce principali, un grande effetto di autoamplificazione e forniscono perciò elevati valori di decelerazione. Un sistema frenante a doppio circuito può essere montato a richiesta. A portata di mano del guidatore, il freno a mano agisce sulle ruote posteriori tramite la tiranteria. Le versioni Diesel possono essere consegnate – a richiesta – munite di un freno motore comandato da un pedale.

Blick unter das Blech: Den neuen Großtransporter zeichnet robuste Lkw-Technik aus.

Zwischen Baum und Borke findet sich mitunter ein besonders geschützter Platz. Das gilt jedenfalls für die Großtransporter von Mercedes-Benz und besonders in Deutschland. Hier profitieren sie über Jahre und Jahrzehnte von der landestypischen Regelung, dass der Pkw-Führerschein der Klasse 3 bis hinauf auf 7,5 Tonnen zulässige Gesamtmasse reicht. Dies ändert sich erst 1999, doch dank Besitzstandswahrung dürfen die Inhaber des alten Scheins weiterhin größere Kaliber als die europaweit üblichen 3,5 Tonner steuern, die seitdem auch hierzulande die nachfolgende Klasse B gestattet. Dies ist einer der Gründe für den Langzeiterfolg der sogenannten Düsseldorfer, mangels Bezeichnung nach ihrem Heimatwerk benannt. Die Liebhaber der Modellreihe sprechen auch gerne verniedlichend vom »Düdo«.

Ein anderes wertvolles Plus der Baureihe liegt in der reizvollen Schnittstelle zwischen Transporter und Lkw begründet. So ein Düdo ist größer und mitunter stärker als ein kompakter Transporter, verfügt bereits über reichlich robuste Lkw-Technik, ist aber handlicher und leichter als größere Kaliber. Die Düsseldorfer Großtransporter bilden daher eine nutzlaststarke Klasse für sich und geben in ihrem Segment den Ton an. Kein Wunder, denn mit dem L 319/319 D fußen sie beim ersten Aufschlag Anfang 1966 auf elf Jahre Erfahrung in dieser Region. Die rundlichen Vorgänger aber sind sichtlich in die Jahre gekommen.

Der Großtransporter schlechthin ab der zweiten Hälfte der sechziger Jahre, zum Beispiel als L 406 D.

Der Minibus O 309 D deckt eine enorme Spannweite von schlicht bis komfortabel ab, hier eine frühe einfach Ausführung.

Seinerzeit ungewöhnlich, heute auch bei kompakten Transportern geschätzt: Kastenwagen als Doppelkabine.

Der Düdo gehört einer völlig anderen Generation an, das macht schon sein Erscheinungsbild als Kurzhauber mit einem modern gestalteten Fahrerhaus deutlich. Sachliche klare Linien und große Fensterflächen bestimmen das Erscheinungsbild. An die Stelle der seitlich herumgezogenen Panorama-Frontscheibe tritt eine große rechteckige Windschutzscheibe, vorne an den Seiten wie gehabt durch jeweils ein kleineres Fenster vor den Türen ergänzt, heute würde man Van-Fenster sagen. Das eingefasste Oval des Kühlergrills mit Rundscheinwerfern hat sich in eine zeitgemäße rechteckige Gestaltung verwandelt. Im Rahmen späterer Modellpflege – der neue Düsseldorfer wird ein fast biblisches Alter von annähernd 20 Jahren erreichen – werden die Stilisten diese Optik mit schwarzen Blenden deutlich hervorheben. Geblieben ist der bequeme Einstieg hinter der Vorderachse – in einen Düdo muss sich keiner hineinklettern oder hineinschwingen, hineinlaufen genügt. »Die neuen Aufbauten sind im Vergleich zu den Vorgängertypen ‚eckiger' geworden. Dafür waren nicht nur stilistische, sondern vor allem praktische Gesichtspunkte maßgebend. So wurde bei den Kastenwagen die Laderaumöffnung wesentlich größer. Der Laderaum ist jetzt vom Boden bis zum Dach annähernd gleich breit und erlaubt eine bessere Stapelung des Ladeguts«, erläutert der Hersteller.

Wer aber sind die eifrigen Nutzer dieses Transporters zwischen den Welten? In gelber Lackierung fahren die Kastenwagen für die Deutsche Bundespost ungezählte Pakete aus. Weiß und orange lackierte Pritschen, Kipper und Doppelkabinen sind auf dem Bau und im Handwerk im Einsatz, die orangene Variante ebenfalls in Kommunalbetrieben. Polizei und Feuerwehr sowie Rettungswagen setzen auf den Düsseldorfer. Bis hin zur »Berliner Wanne«, den berühmten Gruppen-Kraftwagen der Berliner Polizei mit Längsbänken. Auch viele Marktbeschicker und Lieferanten für Märkte und Großmärkte und einige der damals noch raren Reisemobilhersteller. Als selbst ausgebautes Reisemobil lernen Düdos in ihrem zwei Leben die Welt kennen, während sie zuvor meist lokal und regional unterwegs waren. Dies gilt ebenso für extrem schlicht umgerüstete Düdo-Senioren, die als Nahverkehrsbusse afrikanische Städte durchkreuzen. Dank 5,04 oder 6,0 Meter Länge und 2,1 Meter Breite und der kompakten Konstruktion ist für alle diese Einsätze viel Platz an Bord.

Dürres Lenkrad, rustikale Längsverstellung des Sitzes, insgesamt ein schlichter Arbeitsplatz: Cockpit eines Düsseldorfers L 406 D des Jahres 1967.

Für robuste Einsätze kommt der Düsseldorfer gerade richtig: maus- oder besser sandgrauer Kipper im Jahr 1967.

Türen in den Fond waren Mangelware: Doppelkabine 406 D des Jahres 1967.

Düsseldorfer wohin das Auge reicht: Fuhrpark mit Isolier-Kofferaufbauten der einstigen Großbäckerei Jaus in Stuttgart.

Ein Düsseldorfer transportiert einfach alles: Pferde-Transportaufbau einer Spedition aus dem Jahr 1969.

Der Düsseldorfer schlägt aber auch im Neuzustand eine Karriere als Kleinbus ein, zunächst vor allem als sachlicher Zubringer. Hier setzt Mercedes-Benz analog zu den großen Omnibussen des Hauses weiterhin auf eine Konstruktionsnummer als Bezeichnung – O 309 – während die Transporter die seit einem halben Dutzend Jahren

Schnell eroberte der robuste Düsseldorfer auch das gehobene Segment der Reisemobile, zum Beispiel bei Hymer.

Behörden schätzten des Düsseldorfer ob seiner Robustheit, hier dient er 1974 als fahrende Leitstelle der Polizei.

eingeführte Kombination aus Tonnage und Motorleistung tragen.

Die sehr kurze Haube macht es bereits deutlich: Das Antriebsaggregat ragt weit in das Fahrerhaus hinein. Zur Wahl stehen anfangs der L 406 D mit dem bekannten Zweiliter-Dieselmotor aus dem L 319 D mit einer Leistung von 40 kW (55 PS) sowie der L 408 mit einem Zweiliter-Benziner und 59 kW (80 PS), alternativ in einer Normalbenzinvariante mit 50 kW (68 PS). Er spielt indes nur eine untergeordnete Rolle. Die Entwickler haben Fahrkomfort und Fahrsicherheit gegenüber dem Vorgängermodell wesentlich verbessert. Das Chassis setzt sich aus einem U-Profil-Rahmen in Fischbauchform mit Rohrquerträgern sowie blattgefederten Starrachsen vorne und hinten zusammen, jetzt mit progressiver Wirkung und Stützblattfedern an der Hinterachse anstelle zusätzlicher Schraubenfedern. Es knüpft damit ebenfalls an die belastbare Technik des Vorgängers an. Universalität ist von Anfang an einer der Trümpfe des neuen Transporters aus Düsseldorf. »Besonderes Merkmal der neuen Baureihe ist die durch das Baukastensystem erzielte Vielfalt der Variations- und Kombinationsmöglichkeiten, womit praktisch allen Einsatzbedingungen Rechnung getragen wird,« heißt es im Pressetext. Daimler-Benz zählt 387 verschiedene Ausführungen, allein 27 Transporter, zwölf Omnibusse, sechs Fahrgestelle mit Fahrerhaus und sechs Windläufe (Fahrgestelle mit und ohne Windschutzscheiben) als Basismodelle.

Geliefert wird er in drei Gewichtsklassen mit 3490, 4000 sowie 4600 Kilogramm. Für Sonderaufbauten und Spezialfahrzeuge sind je sechs Fahrgestelle mit oder ohne Kabine vorgesehen. Es gibt zwei Radstände von 2950 und 3500 Millimetern, in der kurzen Ausführung des Kastenwagens können Käufer zwischen einem Normaldach und einem leicht erhöhten Dach wählen. Es ist Standard für die lange Ausführung. Dreh- oder Schiebetüren sind ebenso im Programm wie vielfältige Türkombinationen für den Laderaum. Eine interne Publikation nennt das Ziel: »Die Vielzahl der Ausführungen macht es möglich, dem Kunden ein Fahrzeug nach Maß anzubieten, das ganz auf die vorliegenden Einsatzbedingungen abgestimmt ist.« Der Fahrer profitiert von der

Typischer Vertreter der Baureihe: 407 D, ein Düsseldorfer der zweiten Generation.

nach vorne gerückten Motorlage: »Die neuen geräumigen Fahrerhäuser mit Durchstieg zur Beifahrerseite erlauben dem Fahrer das Ein- und Aussteigen am Bürgersteig oder das Erreichen des Laderaumes beim Kastenwagen.«

Schon 1968 ändern sich nicht die Bezeichnungen, wohl aber die Motoren. Im L 406 D steckt nun ein 2,2-Liter Diesel mit 44 kW (60 PS), im eher seltenen Benziner L 408 ebenfalls eine 2,2 Liter-Maschine, aber mit 63 kW (85 PS), erneut auch in einer schwächeren Normalbenzin-Ausführung mit 55 kW (75 PS) zu bekommen. Vor allem erweitert sich das Spektrum des Düsseldorfers erheblich. Die Kürzel L 508 D und L 608 D stehen für ein Wachstum bis hinaus in die Regionen leichter Lkw. Mit 5,0 und 5,6 bis 5,9 Tonnen zulässiger Gesamtmasse sowie einem handfesten Lkw-Motor: Der Vierzylinder OM 314 mit 3,8 Liter Hubraum leistet 59 kW (80 PS), später 63 kW (85 PS). Mit diesem Schritt ist ein nahtloser Anschluss an die Leicht-Lkw von Mercedes-Benz gewährleistet. Nicht nur der Motor stammt von den leichten Lkw, auch die Kupplung und das Fünfgang-Schaltgetriebe. Hinzu kommen eine neue Vorderachse und eine geänderte Abstimmung von Federung und Dämpfung. Jetzt ist der Minibus O 309 auch als Fahrgestell lieferbar, darauf zaubern Karossiers eigenständige Aufbauten bis hin zu feinen Clubbussen mit üppiger Verglasung und Komfort-Ausstattung. Damit verliert der Düsseldorfer innen wie außen jedes lasterhafte Erscheinungsbild. Zum Ende des Jahrzehnts entpuppt sich der Düsseldorfer als voller Erfolg: 1969 stellen die Mitarbeiter knapp 27 000 Fahrzeuge her, gegenüber den 319er-Zahlen fast eine Verdoppelung.

Zeitweilig kommt eine Zweitmarke ins Spiel: Daimler-Benz übernimmt 1969/70 in zwei Schritten die Hanomag-Henschel-Fahrzeugwerke. Im Anschluss gibt es den Düsseldorfer Transporter prompt von 1970 bis 1974 mit einem markentypisch veränderten Kühlergrill als Hanomag-Henschel F 40 bis F 65. Umgekehrt ergänzt Daimler-Benz sein Angebot um leichte Transporter von Hanomag-Henschel und verleiht ihnen den Stern. Sie sind unterhalb des Großtransporters angesiedelt. Ihre Vorstellung erfolgt 1971 ausgerechnet im Werk Düsseldorf.

Der Großtransporter aus der Landeshauptstadt Nordrhein-Westfalens nimmt währenddessen eine fast marktbeherrschende Stellung zwischen den klassischen Transporter- und Lkw-Formaten ein. Die Kombination aus Robustheit, Raumausnutzung und Vielfalt aus einem Baukastensystem ist einmalig. Die Zahl der Baumuster und Varianten steigt. 1972 kommt ein langer Radstand von 4100 Millimetern für Fahrgestelle und Pritschen hinzu, 1974 für den Kastenwagen. Er wird außerdem um ein Superhochdach ergänzt. Die zulässige Gesamtmasse steigt auf bis zu 6,5 Tonnen. Zwischendrin schlägt der Düsseldorfer auch eine internationale Karriere ein: Das Werk liefert aufgrund restriktiver Importvorschriften Teilesätze für Montagen von L 406 D bis L 608 D nach Spanien und Argentinien sowie vom O 309 in den Iran, in die Türkei und nach Tunesien.

Erst zehn Jahre nach der Premiere setzt 1977 eine umfassende Modellpflege ein. Nicht ganz zufällig zur gleichen Zeit, als sich unterhalb des Düsseldorfers eine neue Transporter-Baureihe breitmacht. Da sie unter anderem intern als T1 bekannt wird, gilt der Düsseldorfer nun als T2 – eine Bezeichnung, die sich nach außen endgültig erst mit seinem Nachfolger durchsetzen wird. Die Welt der Großtransporter neu erfinden muss niemand: Hatte es der Vorgänger L 319/319 D in zehn Jahren auf 100 000 Einheiten gebracht, so hat der Düsseldorfer nach einem Jahrzehnt bereits die Marke 300 000 erreicht. Außen größere Heckleuchten und größere Stoßecken mit Gummileisten, vorn ebenfalls ein Stoßfänger mit Gummileiste. Drinnen ein neues Armaturenbrett mit geänderten Bedienelementen, einem griffig ummantelten Lenkrad, einem markentypischen Kombi-Lenkstockhebel für mehrere Funktionen (auch als »Ingenieurshebel« bekannt), neue Schieberegler für Heizung und Lüftung, eine Ablageschale auf der Motorabdeckung, ein Handschuhfachdeckel, dazu Kurbel- statt Schiebefenster und ausstellbare Dreiecksfenster, das muss genügen.

Der weltweit geschätzte Minibus O 309 erhält zusätzlich eine einteilige und nach oben öffnende Heckklappe anstelle der Flügeltüren, neu sortierte Einstiegstufen in der Beifahrertür, einen 80-Liter-Tank in Verbindung mit

Aufgefrischtes Cockpit ab der Modellpflege 1977 mit zahlreichen Änderungen im Detail, vom Lenkrad bis zur Ablageschale.

In die Breite gegangen: Den Düsseldorfer gab's in seiner zweiten Lebenshälfte in XXL-Ausführung mit verbreiterter Karosserie.

Basis für Aufbauten mit eigenständigem Fahrerhaus: Windlauf-Fahrgestell des 508 D, hier von 1977.

den großen Motoren und eine umfangreich aufgewertete Geräuschdämmung.

Mit seiner Motorisierung stößt der Düsseldorfer in eine neue Dimension vor: Zum rustikalen Lkw-Vierzylinder gesellt sich nun im neuen Modell L 613 D die Sechszylindervariante OM 352 mit 5,7 Liter Hubraum und 96 kW (130 PS) – Daimler-Benz spricht vom »Expreß-Transporter«. Die legendäre Maschine stammt aus einem gemeinsamen Baukasten und geht auf die Zeiten des L 3500 und Opel Blitz zurück. Vor allem der Sechszylinder hat wie jene Lkw Legendenstatus. Für ein Prospektblatt wird das Cockpit so geschickt abgelichtet, dass die große Motorkiste im Fahrerhaus nicht sichtbar ist. Zugleich wachsen die Bremsen und die Tragfähigkeit der Vorderachse. Erstmals ist ein Automatikgetriebe im Angebot.

Eine weitere einschneidende Neuerung ab 1979 ist eine zusätzliche extrabreite Ausführung von 2400 statt 2100 Millimeter. Zuvor bereits für den Minibus O 309 entwickelt – macht zwei Doppelsitze pro Reihe statt einer Zwei-plus-eins-Bestuhlung – profitieren nun auch die Transporter auf Wunsch davon. Vorteil: Das Ladevolumen steigt um fast 20 Prozent. Der breite Düsseldorfer ist als L 508 D, L 608 D und als L 613 D zubekommen. Die Modelle mit 6,8 Tonnen zulässiger Gesamtmasse erhalten eine hydraulische Bremse mit Druckluft-Unterstützung und Federspeicher-Feststellbremse.

Im Herbst 1981 schließlich erhält die gesamte Baureihe einen seitlich umgreifenden schwarzen Kühlergrill und eine Etage darunter eine breite Kunststoff-Stoßstange. Neue Innenverkleidungen reduzieren das längst nicht mehr zeitgemäße Lärmen im Fahrerhaus. Lärm ist zwei Jahre später auch das Thema eines Großversuchs, denn dann geht ein geräuschoptimierter L 508 D in die Kundenfahrerprobung in Bad Reichenhall. Dieser gedämpfte Düsseldorfer verfügt über eine Geräuschkapselung des Antriebs, eine optimierte Abgasanlage, einen speziell entwickelten Viskose-Lüfter sowie eine Kunststoffabdeckung vor dem Kühlergrill. Ergebnis ist eine drastische Reduzierung der Geräuschemissionen um neun Dezibel – der Transporter emittiert weniger als ein Drittel der Geräusche eines Serienfahrzugs.

Fünf Jahre später wechselt der Düsseldorfer nach gut einer halben Million Exemplare und fast 50 000 Teilesätzen für ausländische Werke in den Ruhestand. Zumindest, was die Fertigung betrifft – auf den Straßen Deutschlands und der Welt wird man ihn noch viele Jahre und Jahrzehnte danach antreffen.

Fein ausstaffierter Minibus mit hochwertiger Omnibus-Bestuhlung: O 309 D des Jahres 1981.

1970: Tempo mit Hanomag – ein Hamburger aus Bremen wird sogar olympisch

»Der Spar-Brummer« steht mit großen Lettern auf dem ersten Katalog von 1970. Und: »Die Transporter-Alternative von Mercedes-Benz: Eintonner mit Dieselmotor«. Das ist frech und wahr zugleich. Denn jeder weiß, wer mit dem Begriff »Transporter« gemeint ist. Und jener Transporter, erst drei Jahre zuvor neu aufgelegt, wird noch lange keinen sparsamen Dieselmotor erhalten, denn so etwas gibt es in Norddeutschland erst ein Jahrzehnt später. Prompt hebt Mercedes-Benz die Stärken seines Eintonners – gemeint ist die Nutzlast – hervor, die zugleich die Schwächen des damals übermächtigen Wettbewerbers sind: Motor und Antrieb vorn für mehr Sicherheit, variable Radstände, voll nutzbare Ladefläche. Und addiert das Angebot auf 472 Aufbauvarianten. Ein Fachblatt entschlüsselt den Neuen als »Leichttransporter aus der Hanomag-Küche«.

Werfen wir einen Blick auf die Nutzfahrzeugbranche um 1970 herum. Das sogenannte Wirtschaftswunder ist vorbei, die erste kräftige Delle in der Konjunktur wenige Jahre zuvor legte Schwächen offen. Es herrscht eine Mischung aus Existenznot und Übernahmefieber unter den Lkw-Herstellern. Heutige TV-Seriengucker hätten sich über die Fortsetzungsgeschichte gefreut, sie erinnert an einen Wirtschaftskrimi. 1968 schnappt sich Daimler-Benz die Vertriebsgesellschaft der ebenso legendären wie ermüdeten Marke Krupp. Zugmaschinenspezialist Faun beendet 1969 die Fertigung klassischer Lkw. Ab 1970 kooperiert Daimler-Benz bei schweren Lkw-Motoren mit MAN. 1971 verleibt sich MAN die ruhmreiche Traditionsmarke Büssing ein. Durch die gemeinsame Verbindung zur Auto Union kommen sich ab Mitte der sechziger Jahre Daimler-Benz und VW sehr nahe. Man plant für Forschung und Entwicklung eine gemeinsame

Erst Tempo Matador, dann Hanomag, im Anschluss Mercedes-Benz: ein Transporter mit zahlreichen Namen öffnet den Weg in eine neue Transporterkategorie.

1970: Harburger Transporter

Neustart im ehemaligen Borgward-Werk: 1969 wechselt der ex-Tempo als Hanomag den Standort.

Optisch fügt sich der Ex-Tempo und Ex-Hanomag gut bei Mercedes-Benz ein, technisch ist er ein Sonderfall.

Gesellschaft in Hannover, diskutiert einen gemeinsamen Transporter. Beide Unternehmen haben die kriselnde Auto Union zerlegt, jetzt geht es um deren frühere spanische Dependance. 1972 gelingt Daimler-Benz dort der Wiedereinstieg und damit der Schritt zu einem weiteren Transporterwerk, denn VW zieht sich aus der spanischen Exklave zurück. Magirus-Deutz geht 1975 in der neugegründeten Iveco unter der Führung von Fiat auf. Opel stellt sang- und klanglos die Fertigung des einst so erfolgreichen Leicht-Lkw namens Blitz ein.

Zwischendrin läuft ein komplexer Wechsel ab. Der Essener Konzern Rheinstahl hatte bereits 1952 Hanomag (leichte Lkw) und 1964 den Kasseler Lkw-Hersteller Henschel (mittlere und vor allem schwere Lkw) übernommen. 1965 kommt mit Tempo in Hamburg-Harburg ein Transporterhersteller hinzu. Tempo hat sich mit den legendären Dreirädern von 1928 bis 1956 einen einzigartigen Ruf erworben. Später wurden sie als Bajaj Tempo bis zum Jahr 2000 in Indien gebaut. Fast vergessen ist heute der vierrädrige kompakte Transporter Tempo Matador mit Frontantrieb und Motor unter den Vordersitzen. Anfangs von einem luftgekühlten VW-Motor, dann von einer Heinkel-Maschine, schließlich von einem Austin-Aggregat angetrieben. Dieser Tempo Matador ist der unmittelbare Vorläufer eines leichten Hanomag-Transporters.

Rheinstahl ist mit Ex-Tempo, Hanomag und Henschel ein einzigartiger Vollsortimenter, leidet jedoch in den sechziger Jahren unter einer Stahlkrise. Deshalb fusioniert Rheinstahl 1969 die drei Marken und ihre Standorte zu den Hanomag-Henschel-Fahrzeugwerken (HHF). Gleichzeitig übernimmt Daimler-Benz davon 51 Prozent der Anteile. Fahrzeuge stellt HHF in Kassel her (Henschel), in Hamburg (einst Tempo, dann Hanomag) sowie in Bremen (Hanomag), dem ehemaligen Borgward-Werk. Die Fahrzeuge tragen nach der Fusion den Markennamen Hanomag-Henschel. Joachim Zahn, Sprecher des Vorstands von Daimler-Benz, kündigt noch im Sommer 1970 anlässlich der Vorlage der Bilanz 1969 neben Mercedes-Benz einen zweiten Vertriebsweg für Hanomag-Henschel an.

Zum Jahreswechsel 1970/71 übernimmt Daimler-Benz die restlichen Anteile von HHF. Damit ist das Ende der Marken eingeläutet. Henschel-Lkw werden Schritt für Schritt bei Mercedes-Benz eingegliedert und schließlich aufgesogen. Der Düsseldorfer Transporter ist zwar von 1970 bis 1974 mit modifiziertem Kühlergrill und Scheinwerfern auch als Hanomag-Henschel zu bekommen, doch dann endet auch dieses Intermezzo. Die Fertigung

Als Mercedes-Benz mit anderem Motor muss im knappen Vorbau des Transporters Platz her, manche sprechen von »Hängelippe«.

der leichten Lkw von Hanomag-Henschel in Bremen wird 1973 eingestellt.

Eine Sonderrolle spielen allein die kompakten ehemaligen Hanomag-Transporter. Technisch sind sie als Frontlenker mit Vorderradantrieb und Rohrrahmen direkte Nachfahren des Tempo Matador aus den Fünfzigern, optisch durch ein erst 1967 vorgestelltes neues Gesicht durchaus aktuell. Wer genau hinschaut, bemerkt indes die kleinen Seitenfenster des Matador und dessen Karosserie. Mercedes-Benz bezeichnet sie nach ihrer Herkunft intern als Harburger Transporter – Transporter der Marke Mercedes-Benz tragen damals keine Namen. Sie laufen von 1970 bis 1974 parallel als Hanomag-Henschel und Mercedes-Benz, bevor Daimler-Benz sie als eigenständige Baureihe komplett ins eigene Programm übernimmt. Die offizielle Vorstellung erfolgt am 21. Januar 1971 im Werk Düsseldorf. Das Ziel, so die Pressemitteilung: »Das Nutzfahrzeug-Programm unter dem Mercedes-Stern beginnt jetzt bereits in der Klasse ab 2 t Gesamtgewicht

Aufbauer entdecken die Vorzüge, siehe Hymer mit einem Reisemobil und riesigem Radstand.

Der einfache Transporter mit Vorderradantrieb macht sich als Doppelkabine auch gut im Handwerk, Beispiel L 306 D.

und schließt mit Fahrzeugen der 3t- Klasse nahtlos an die erfolgreichen Düsseldorfer Transporter (3,5 bis 6 t) an.« Und: »Das Unternehmen setzt mit dieser Vorstellung konsequent den Weg fort, durch Erweiterung und ständige Weiterentwicklung seiner Programme am Wachstum interessanter Märkte teilzunehmen und neue Käuferkreise zu erschließen.«

Die Modelle unter dem Markennamen Mercedes-Benz erhalten als Erkennungsmerkmal einen großen Zentralstern und eine Querspange im Kühlergrill. Mit diesem einfachen Kniff erweitert Daimler-Benz sein Angebot erstmals um eine komplette Palette leichter Transporter. So einfach kann es sich der Konzern machen: »Die in Düsseldorf vorgestellten Leichttransporter L 206 D und L 306 D basieren auf den Hanomag-Henschel-Transportern F 20 bis F 35 und sind mit diesen in der technischen Konzeption identisch. Vom Angebot der Tochtergesellschaft unterscheiden sie sich durch eine Reihe von Ausführungs-

und Ausstattungsmerkmalen. Hierzu gehört zum Beispiel eine zusätzliche Kombiausstattung mit mehr als 10 Ausführungsvarianten.«

Vom Band laufen Harburger und Hanomag seit 1969 in Hamburg-Harburg (Fahrgestelle) und Bremen (Kastenwagen, Kombi), ab 1976 kommen alle Harburger aus Bremen. Die Chassis- und Fahrwerkstechnik ist für Mercedes-Benz ungewohnt: Doppelrohrrahmen mit Querträgern, Einzelradaufhängung vorn an doppelten Querlenkern mit längsliegenden Drehstabfedern, hinten eine Kurbelachse mit quer angeordneten Drehstabfedern. Ungewöhnlich ist auch der Mix der im Fahrerhaus angeordneten Motoren. Vor dem Einstieg von Daimler-Benz stehen ein Benziner der britischen Marke Austin mit 1,6 Liter Hubraum und 40 kW (54 PS) sowie einem Hanomag-Diesel mit 1,8 Liter Hubraum und 37 kW (50 PS) zur Wahl. Der Benziner bleibt noch eine Zeitlang im Angebot, wächst jedoch auf 1,8 Liter und eine Leistung von 51 kW (70 PS). Der Dieselmotor wird mit dem Engagement von Daimler-Benz flugs zur bekannten Zweiliter-Maschine aus dem 200 D mit 40 kW (55 PS) getauscht. Ab 1972 folgt die größere Ausfüh-

Die Frontlenker-Bauweise verlangt nach Geschick beim Ein- und Aussteigen - nicht nur bei Mercedes-Benz.

Der Vorderradantrieb macht es möglich: Batteriepaket zwischen den Achsen. Mercedes-Benz zeigt den E-Transporter 306 LE unter anderen auf der IAA 1972.

rung dieses Motors mit 2,2 Liter Hubraum und 44 kW (60 PS). Der Antrieb der Frontlenker-Transporter erfolgt auf die Vorderachse. Die Diesel von Daimler-Benz bauen länger als die anderen Aggregate, die entsprechenden Fahrzeuge sind daher an einer um knapp zehn Zentimeter nach vorne herausgezogenen Einheit aus Kühlergrill und Rechteckscheinwerfern zu erkennen.

Die Spanne der zulässigen Gesamtmasse reicht von 2,4 bis 3,3, später 3,5 Tonnen. Aus Motorleistung und Tonnage leiten sich die Bezeichnungen L 207, L 206 D und L 306 D ab.

Das Angebot der einstigen Hanomag-Flotte ist vielfältig, es setzt sich aus Kastenwagen und Kombi mit jeweils zwei Radständen, Flachdach und Hochdach sowie Doppel- und sogar Dreifachkabine, Pritsche, Tiefladepritsche und Fahrgestell mit Fahrerhaus in drei Radständen zusammen. Für Sonderaufbauten sind dank des Frontantriebs auch weitere Radstände sowie Tandem-Hinterachsen möglich. Damit wächst der Transporter auf beachtliche 5,5 Tonnen zulässige Gesamtmasse. Zahlreiche Auf- und Ausbauer nutzen den vielseitigen Transporter für zahllose gewerbliche Einsätze, aber auch als Reise-

Die kompakte Bauweise führt zu viel Platz im Innenraum, attraktiv auch für Campingbusse.

So funktioniert's: Schnellwechselsystem der Batterien des 306 LE im Jahr 1972.

mobil vom handlichen Campingbus bis zum üppigen Integrierten. Die Handlichkeit der neue Transporter stellt Mercedes-Benz im April/Mai 1970 deutschlandweit mit Transporter-Testwagen und einem damit verbundenen Geschicklichkeitswettbewerb unter Beweis. 250 Städte werden im Rahmen dieser Aktion angefahren.

1973 wechseln die Transporter auf ein verändertes Fahrgestell mit Doppelrohrrahmen, er wird nun ab Wagenmitte nach hinten deutlich aufgeweitet. Hinzu kommt eine starre Hinterachse mit Längsblattfedern – simple und günstige Technik. Der leer kopflastige Transporter profitiert von einer lastabhängigen Bremskraftregelung und verstärkten Bremsen vorn und einen serienmäßigen Bremskraftverstärker für die schwereren Modelle, es gibt größere Außenspiegel, hängende Pedale, eine Sicherheitslenkung, komfortablere Sitze, eine ge-

Die ehrwürdige Konstruktion verzichtet auf eine Schiebetür, doch drinnen ist viel Platz.

polsterte Armaturentafel, innenliegende Türscharniere, ein gepolstertes Armaturenbrett und Lochscheibenräder. Die Heizung arbeitet kräftiger, das Gebläse pustet stärker. Was bleibt ist die Grundkonstruktion des Tempo Matador, ebenso die Karosserie mit der wenig zeitgemäßen seitlichen Schlagtür zum Laderaum.

Trotzdem bietet der Transporter auch einen Ausblick in die Zukunft. »Mercedes-Benz – umweltfreundlich durch Elektro-Antrieb« steht 1972 auf den Flanken des Mercedes-Benz LE 306. Premiere hat er im März auf dem Nutzfahrzeugsalon Brüssel. Im Sommer des Jahres rückt der LE 306 dann in den Blick der Weltöffentlichkeit, denn bei den Olympischen Spielen 1972 wird eine Flotte der Versuchsfahrzeugen eingesetzt. Wenig später folgt sogar ein Großversuch mit insgesamt 58 Fahrzeugen. Der LE 306 – entwickelt zusammen mit den Partnern Kiepe, Varta und

Mit ihm kann man wirklich einpacken: Demonstration des Gepäckraumvolumens anhand eines L 207 Kombi im Jahr 1972.

Alles schon mal dagewesen: Transporter mit Wasserstoff-Verbrennungsmotor in den Siebzigern.

einer Tochter des Energieversorgers RWE – wird von einem fremderregten Gleichstrom-Nebenschlussmotor mit 35 bis 56 kW Leistung angetrieben. Energiespender ist eine 860 Kilogramm schweren Bleibatterie mit 144 Volt Spannung und einer Kapazität von 22 kWh. Das genügt, um den Leichttransporter mit einer Tonne Nutzlast bis zu 80 km/h schnell und zwischen 50 und 100 Kilometer weit fahren zu lassen.

Zu wenig für einen praxisgerechten Einsatz. Deshalb ist der LE 306 mit einem Batterie-Schnellwechselsystem ausgestattet, in Ingenieurssprache eine »Durchschiebe-Querwechseltechnik«. Durch eine seitlich zwischen den Achsen angebrachte Klappe lässt sich der unter der Ladefläche angebrachte Batteriesatz in einer Ladestation auf der einen Seite im Handumdrehen herausziehen, während auf der anderen Seite zugleich ein frischer Satz eingeführt wird. Der Transporter stemmt bei einem zulässigen Gesamtgewicht von 3,9 Tonnen genau eine Tonne Nutzlast. In Betriebspausen kann die Batterie außerdem auch im Fahrzeug über ein Ladegerät mit Netzstrom versorgt werden. Zudem arbeitet der Motor beim Bremsen als Generator und wandelt die Bewegungsenergie in elektrische Energie um, die in der Batterie gespeichert wird – der LE 306 rekuperiert. »Auf jeden Fall sind im Vergleich zu dem Antrieb mit Verbrennungsmotor Mehrkosten zu erwarten, denen jedoch die Vorteile des geräuscharmen und emissionsfreien Elektroantriebes in überlasteten Stadtbereichen gegenüberstehen.« So heißt es in der Pressemeldung zur Premiere. Auch die Diskussionen sind identisch: Reichweite, Nutzlast, Kosten, Gesamtstromverbrauch bei

Auf Wunsch macht sich der L 206 D Kombi mit Metallic-Lack auch ein wenig fein.

Umstellung auf E-Mobilität. Dies soll seinerzeit jedoch die heute abgelehnte Kernenergie entschärfen.

Noch weiter in die Zukunft greift 1975 der weltweit erste wasserstoffgetriebene Kleinbus mit Hydridspeicher. Ein Wasserstoff-Verbrennungsmotor ist kein Hexenwerk, wohl aber die Speicherung des Brennstoffs an Bord. Hochdrucktanks oder das Bunkern von Wasserstoff in flüssiger Form sind zur damaligen Zeit für den Einsatz im Fahrzeug nicht realisierbar. Hinzu kommen strengste Sicherheitsvorkehrungen, da sich Wasserstoff im Falle eines Unfalls mit dem Luftsauerstoff zu einem explosiven Gemisch verbinden kann. Hinreichend sichere Druckspeicher haben damals ein hohes Gewicht. Eine Abkühlung auf minus 253 Grad Celsius würde einen unverhältnismäßig hohen Energieaufwand erfordern. Schon 1967 hat Daimler-Benz daher einen Forschungsauftrag an ein Institut vergeben, um ein für den Fahrzeugantrieb taugliches Titanhydrid-Speichersystem zu entwickeln. Ergebnis: Die Speicherung in Form einer Anlagerung des Wasserstoffs an Metallhydride stellt zur damaligen Zeit die einzig sichere Variante für den Fahrzeugantrieb dar. Hierbei wird der Wasserstoff in einem Metall oder einer Metalllegierung gelöst gespeichert. Es bildet sich aus dem Metall und dem Wasserstoff eine Verbindung, das Metallhybrid. Die E-Transporter sind ihrer Zeit weit voraus und verschwinden wieder in der Versenkung.

Trotz aller Weiterentwicklungen der Serienmodelle: Die »Harburger-Transporter« aus Bremen bleiben ein Fremdkörper im Programm von Mercedes-Benz, das von Lkw-Technik gekennzeichnet ist, sie haben ihren Zenit auch überschritten. Eine neue Baureihe muss her, intern als die »Bremer-Transporter«, auch als TN (Transporter

Tierischer Transporter: Der ehemalige Harburger ist sich auch für rustikale Einsätze nicht zu fein.

Neu) oder T1 bezeichnet. Die Ablösung erfolgt 1977.

Was bleibt: Mit der Eingliederung von HHF wächst Mercedes-Benz zum größten deutschen Nutzfahrzeughersteller, bei Lkw über sechs Tonnen sogar zur Nummer eins weltweit, so beschreibt es Vertriebsvorstand Heinz Hoppe. Von der eingangs erwähnten Übernahme der Hanomag-Henschel-Fahrzeugwerke profitiert der Konzern auch an ganz anderer Stelle: Die Fachleute in Stuttgart, die Mitte der siebziger Jahre für Konstruktion und Design sowie für den überwiegenden Teil der Versuchsarbeit des Geländewagens Mercedes-Benz G in verantwortlich waren, stammen, so heißt es, von HHF.

1977 ist Schluss mit dem Übernahme-Transporter von Hanomag. Es folgt eine typische Mercedes-Benz-Konstruktion.

1977: Ein Bremer wird zum Düsseldorfer – Transporter auf Erfolgskurs

Am 3. und 4. Mai 1977 tritt eine beeindruckende Flotte von mehr als 1200 neuen Transportern von Mercedes-Benz aus dem Werk Bremen eine Sternfahrt durch die ganze Bundesrepublik an. Dabei hätte alles auch ganz anders laufen können. Es muss um 1970 herum gewesen sein, da treffen sich Delegationen von Mercedes-Benz und VW um eine Zusammenarbeit bei Transportern auszuloten. Man ist sich in den Jahren zuvor durch das gemeinsame Thema Auto Union nähergekommen. Mercedes-Benz benötigt einen neuen großen Transporter unterhalb des »Düsseldorfer«, VW ein Fahrzeug oberhalb des Typ 2. Warum also in diesem Segment nicht gemeinsame Sache machen? Die VW-Leute, so berichten Eingeweihte später, kehren optimistisch aus dem Süden zurück. Einzige Bedingung der Truppe mit dem Stern für eine Kooperation sei gewesen, dass der Einstieg ins Fahrerhaus hinter der Vorderachse erfolgen müsse. Sie bemerken das KO-Kriterium erst im Nachhinein, denn

Links: Wegen der kurzen Haube ragt der Motor des Bremers nur ein Stück in das Fahrerhaus, der Durchgang zur Seite und nach hinten funktioniert.

Rechts: Er lieferte die Designvorlage für ganze Generationen von Transportern und Lkw mit Stern: Der Mercedes-Benz T1, wegen seines Werks auch als »Bremer« tituliert.

1977: Bremer Transporter

VW plädiert nach Art des Hauses für einen Frontlenker, Daimler-Benz nach der dort üblichen Machart für einen Kurzhauber. Diese grundlegenden Differenzen sind nicht zusammenzubringen. Das Ergebnis heißt VW LT hier und Mercedes-Benz T1/TN/Bremer dort. Beide haben nichts miteinander zu tun – außer identischen Rückleuchten.

So also kommt es zum »Mercedes-Benz unter den Transportern«, wie Daimler-Benz 1977 seine völlig neu und in Eigenregie entwickelte Modellreihe ankündigt. Namen gibt es immer noch nicht, also trägt sie intern die Bezeichnung »TN« (Transporter neu), T1 als Einstiegsbaureihe oder, besonders eingängig und bald volkstümlich als »Bremer« Transporter nach ihrem Fertigungsort. Wer tief gräbt, entdeckt auch noch die Baureihenbezeichnung 601/602. Die zulässige Gesamtmasse deckt zunächst eine Spanne von 2,5 bis 3,5 Tonnen ab und schließt an den größeren Düsseldorfer Transporter an. Die neue Baureihe folgt somit exakt auf die von Hanomag-Henschel übernommenen und nur dezent weiterentwickelten Harburger Transporter mit uralten Wurzeln im Tempo Matador.

Mit deren Tradition bricht der Neue konsequent. Ein Kurzhauber ist es geworden, beim Design spielt er mit der abgeschrägten Brüstung der Seitenfenster im Cockpit den Vor-

6

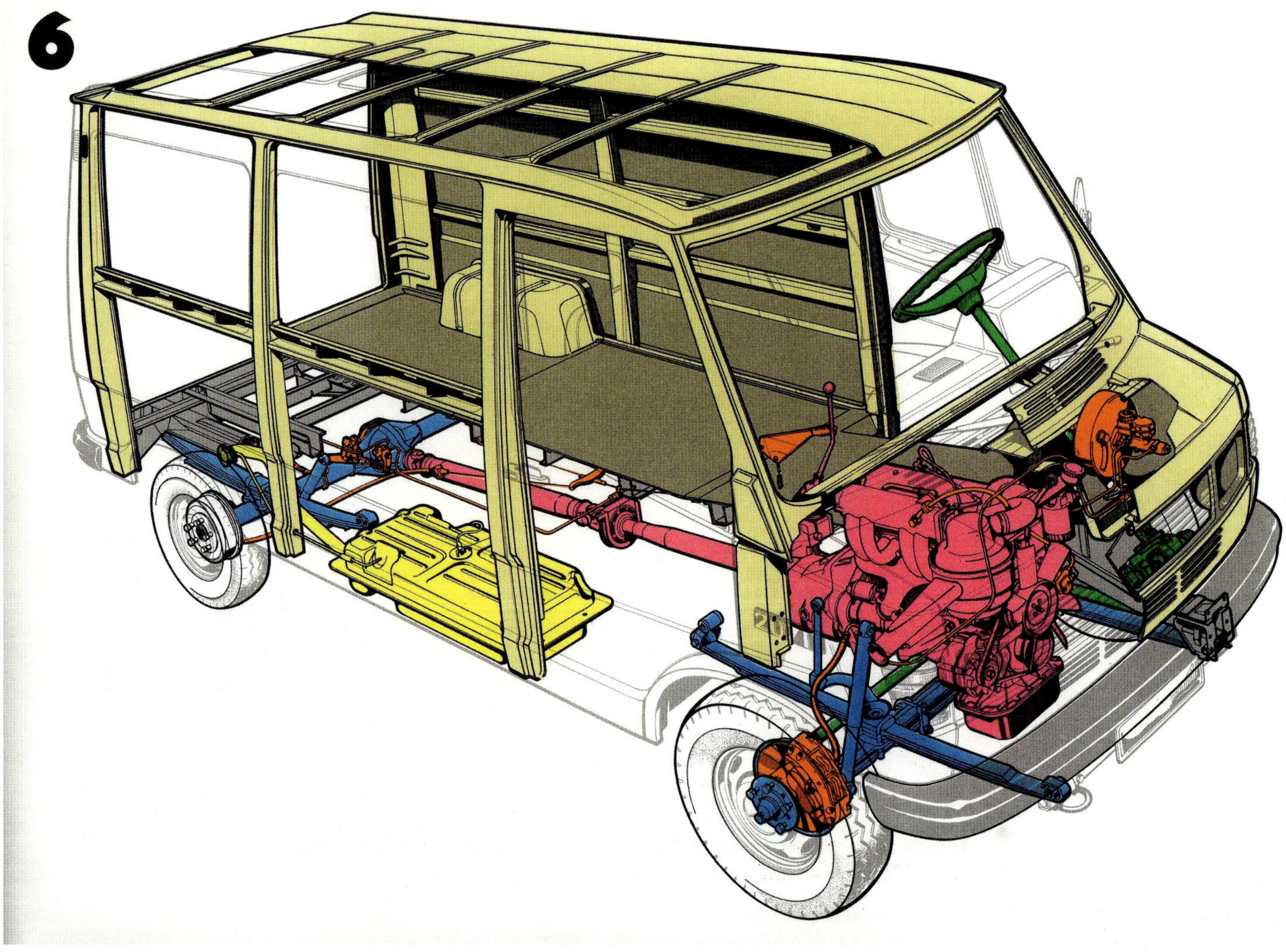

Typische Antriebstechnik von Mercedes-Benz, vorne eine simple blattgefederte Starrachse.

reiter für das gesamte Lkw- und Transporterprogramm für Jahre und Jahrzehnte. Seitens der Entwickler stand einerseits Vielseitigkeit im Mittelpunkt, gleichzeitig Verwandtschaft zu den Personenwagen, deren Aggregate Verwendung finden sollen. Das heißt seinerzeit Hinterradantrieb.

Breiter als in jeder anderen Fahrzeugklasse jener Zeit im Unternehmen ist der Anwendungsbereich der neuen Transporter gefasst. Kastenwagen, Pritschen oder Kipper sind gesetzt, ebenfalls vielsitziger Kombi und Minibus sowie Doppelkabine sowie Fahrgestell mit und ohne Fahrerhaus (Windlauf). Hinzu addiert sich mit Auf- und Ausbauten von Spezialisten ein riesiges Spektrum vom Rettungswagen bis zum Reisemobil. Breit ist ebenfalls die geographische Abdeckung. Im europäischen Großstadtverkehr sollen die Transporter ebenso souverän mitschwimmen wie als Eilbote auf den internationalen Transportmagistralen Europas, müssen zugleich aber auch holprigen Schlechtwegstrecken auf den Exportmärkten bis hin nach Übersee gewachsen sein. Ergebnis sind exakt 252 serienmäßig ab Werk lieferbare Varianten bei der Vorstellung des Bremers. Die geschlossenen Varianten haben einen Achsabstand von 3050 und 3350 Millimeter, die Gesamtlänge beträgt 4,84 und 5,33 Meter. Bei den Fahrgestellen kommt ein dritter Radstand 3700 Millimetern hinzu. Als weitere Tugenden verlangt das Lastenheft von der neuen TN-Reihe mit den Typen 207 D und 307 D sowie 208 und 308 außerdem hohe Wirtschaftlichkeit und Zuverlässigkeit, Wartungs- und Reparaturfreundlichkeit sowie eine rationelle Fertigung.

Deshalb gehört die Kurzhaube zu den Charakteristika der Bremer Transporter. Der Pressetext ist ein dezenter Seitenhieb gegen den Wettbewerber, der ein Kooperationspartner hätte sein können und zwei Jahre zuvor gestartet ist: »Ein entscheidender und sorgfältig überlegter Vorteil der Mercedes-Konzeption ist die Anordnung des Einstiegs hinter der Vorderachse sowie der -ausgezeichnete Durchstieg von- einem Sitz zum anderen und von der Kabine in den Laderaum.« Im ersten Katalog formuliert man's offensiv: »Wenn Sie ins Fahrerhaus einsteigen, merken Sie, dass Mercedes-Benz auch ein erfahrener Pkw-Hersteller ist. Die Türen öffnen weit, eine bequeme Trittstufe macht den Einstieg leicht. Daß dies nicht selbstverständlich ist, sehen Sie an anderen Transportern.« LT-Fahrer wissen, was gemeint ist, auch bei diesem Hinweis: »Die neue Konstruktion gewährleistet auch eine gute Zugänglichkeit zum eingebauten Triebwerk. Alle täglichen Wartungs- und Kontrollarbeiten erfolgen über eine Klappe im Vorbau, also außerhalb des Fahrerhaus-Innenraumes.« Mercedes-Benz nutzt mit Blick auf den Wettbewerb ebenfalls die Gelegenheit, den Kurz-

Funktionalität pur, dazu hochwertige Materialien und eine sehr solide Verarbeitung: Cockpit des Bremers.

Für den Personentransport liefert Mercedes-Benz den Kombi, gebaut in zahlreichen Karosserie- und Bestuhlungsvarianten.

Vielseitigkeit ist Trumpf beim Bremer, hier ein Pritschenwagen als 3,5-Tonner 307 D.

Verschiedene Radstände, Längen, Höhen - der Bremer ist einer für alle unter den Transportern rund um drei Tonne.

hauber zugleich in ein Plus an passiver Sicherheit umzumünzen: »Energieverzehrend ist der Vorbau ausgeführt und verschafft der TN-Reihe damit eine Knautschzone, wie sie kein anderer Transporter jener Zeit aufweisen kann.« Für den Wechsel zum klassischen Hinterradantrieb sprechen mehrere Gründe, schließlich braucht ein Nutzfahrzeug Traktion. Und die ist eben im Zweifelsfall am besten dort, wo auch die Ladung ihren Platz hat und das meiste Gewicht auf die Achse drückt: hinten also. Aus wirtschaftlicher Sicht empfiehlt sich der Hinterradantrieb per Kardanwelle auch deswegen, weil Mercedes-Benz bei dieser Bauweise ohne weiteres auf die in Großserie hergestellten Schalt- und Automatikgetriebe aus dem eigenen Haus zurückgreifen kann. Und schließlich stellt das neue, selbsttragende Karosseriekonzept sicher, dass die Ladekante trotz Hinterradantrieb das gewünschte niedrige Niveau erreicht.

Das markant, aber sachlich-nüchtern gehaltene Design der neuen Fahrzeuge stellt sich ganz in den Dienst der Funktion. Die vorn nach unten gezogenen Seitenscheiben zum Beispiel nehmen die ansteigende Linie der Motorhaube auf und ermöglichten zugleich beste Sicht zur Seite hin. Die recht kubische Gestaltung des Laderaums schafft Platz im maximal 9,6 Kubikmeter fassenden Laderaum. Seine Kennzeichen sind nur leicht gewölbte Wände und fast eckige Radkästen. Beides macht es dem Fahrer leicht, Pakete sauber zu stapeln.

Charakteristisch für Kombi, Bus und Kastenwagen ist zudem der seitlich hochgezogene Dachrahmen, Basis für einen gewissen stilistischen Pfiff und die Verwendung großer Türen mit einheitlichen Abmessungen. Grundsätzlich reichen die hinteren Flügeltüren bis unters Dach und geben zudem nahezu die gesamte Breite des Laderaums frei: Für sperrige Ladung liefert das Werk Schiebetüren wahlweise links, rechts oder beidseitig. Anstelle der serienmäßigen Doppelflügeltür am Heck mit 90 Grad bis 180 Grad Türöffnungswinkel gibt es ein Pendant mit 270 Grad Öffnungswinkel.

Der Fahrer gerät darüber nicht in Vergessenheit. Serienmäßig stattet Daimler-Benz die neuen Transporter mit einem nicht nur längs, sondern auch in der Höhe verstellbaren Fahrersitz aus. Hinter dem dick umschäumten Zweispeichen-Volant liefert die luftig-leicht gestaltete Armaturentafel die wesentlichen Informationen auf einen Blick. Gute Sicht nach vorn sichert die große Windschutzscheibe. Vorteil des Hinterradantriebs mit entsprechend großem Radeinschlag ist ein Wendekreis von nur 10,9 Metern beim kurzen Radstand. Die Motoren stammen unmittelbar aus dem Pkw-Programm. Da wäre der

Bald interessieren sich Reisemobilhersteller für den Bremer, hier ein Westfalia Marco Polo - die Bezeichnung taucht später wieder auf.

Sicherheit ist ein klassisches Thema von Mercedes-Benz - siehe diese ABS-Vorführung.

Mercedes-Benz T1 208 im Jahr 1980 als Einsatzleitwagen für die Feuerwehr.

Alternativantrieb spielt beim Bremer eine Rolle, erst bei 307 E mit batterieelektrischem Antrieb...

laufruhige 2,4-Liter-Diesel – er arbeitet markentypisch nach dem Vorkammerprinzip – mit einer Leistung von 48 kW (65 PS) sowie ein 63 kW (85 PS) starker Benziner mit 2,3 Liter Hubraum. Er ist niedrig verdichtet und begnügt sich daher mit Normalbenzin. Bereits für 1978 kündigt das Unternehmen zusätzlich einen Fünfzylinder-Dieselmotor an, er wird sich jedoch verzögern. Schlicht ist das Fahrwerk des neuen Transporters: Starrachsen mit Blattfedern vorne wie hinten bedeuten kernige Nutzfahrzeugtechnik, immerhin schon mit Scheibenbremsen vorn. »Für starre Achsen spricht der robuste und einfache Aufbau, der die besten Voraussetzungen für einen störungsfreien Einsatz und eine einfache Reparatur bietet«, heißt es zu Vorstellung. Und: »Die Fahrzeug-Federung erfolgt über lange weiche Blattfedern. Die Vorderfedern sind reibungsfreie, zweilagige Parabelfedern, die Hinterachse ist an drei- bzw. vierlagige, zweistufige Trapezfedern angelenkt. Mit dieser konventionellen und daher einfachen und robusten Federung wird ein sehr guter Federungskomfort erreicht.« Insgesamt: sind »die neuen Mercedes-Benz Transporter in Qualität und Fahrleistungen eine gehobene Klasse«, so die Ankündigung.

Bereits ein halbes Jahr nach der Vorstellung wagt das Unternehmen auf Basis des neuen Transporters einen Blick in die Zukunft des Antriebs. »Daimler-Benz hat jetzt zu Testzwecken einen City-Bis mit Wasserstoffantrieb ausgerüstet.« Der Bus ist auf einem TN-Fahrgestell aufgebaut und »ist mit einem Ottomotor bestückt, der für die Belange des Wasserstoff-Betriebes modifiziert wurde«, meldet das Unternehmen im November 1977. Wichtiger als die überschaubare Leistung von 44 kW (60 PS) ist die Erforschung von Speichermöglichkeiten des verheißungsvollen Kraftstoffs: »Da dieser City-Bus als Experimentalfahrzeug dient, sind zur Speicherung. des Wasserstoffs fünf verschiedene Hydridspeicher eingebaut, wobei es sich bei den verwendeten Materialien um Titan/Eisen und Magnesium/Nickel handelt. Sie arbeiten

Diese Doppelkabine mit elegantem Aufbau aus dem eigenen Hause von 1982 kam über das Stadium eines Modells nicht hinaus.

...vier Jahre später wagt Mercedes-Benz den Schritt zum Wasserstoff-Verbrennungsmotor.

Für sein letztes Lebensdrittel ab 1989 erhält der Bremer aerodynamischen Feinschliff, zu erkennen an den Leisten auf den A-Säulen.

entweder als Hochtemperaturspeicher bei Temperaturen von 250 bis 300 Grad Celsius oder als Tieftemperaturhydrid zwischen 80 und 90 Grad.« Das Ziel klingt auch mehr als 40 Jahre später hochaktuell: »Neben wesentlichen Verbesserungen der Abgasqualität könnte eine weitere Optimierung der Wasserstoff-Technologie einen kontinuierlichen Übergang vom Erdöl hin zum Wasserstoff bewirken.« Ein Prospekt von 1979 zeigt ein wiederum modifiziertes Fahrzeug mit nunmehr drei Hydridspeichern. Eine Schemazeichnung erläutert die Anordnung: Der abgasbeheizte Hochtemperatur-Hydridspeicher dient auch als Standheizung, die acht bis neun Kilowatt leistet. Ein nachgeschalteter Tieftemperaturspeicher nutzt die verbleibende Wärme des Abgasstroms. Ein weiterer Tieftemperaturhydrid ist mit einem Wärmetauscher verbunden und dient auch als Kühlaggregat der Klimaanlage mit einer Leistung von drei bis vier Kilowatt. In einem weiteren Schritt setzt Daimler-Benz von 1984 bis 1988 in einem Demonstrationsprojekt in Berlin je fünf wasserstoffbetriebene Transporter des 1982 vorgestellten Modells 310 ein.

1979 startet der Testbetrieb einer Flotte des Typs 208 mit Methanol M15, einer 15prozentigen Beimischung von Alkohol für den Benziner, eingesetzt in Berlin. Die eifrigen Experimente, durchweg öffentlich kräftig geför-

Typisch T1/Bremer: Doka für Kommunen und Handwerk, Speditionskombi mit Anhänger im Fernverkehr.

Doppelkabine, Kastenwagen, Kombi als Kleinbus - der Bremer ist in allen Sätteln gerecht.

dert, sind vor allem eine Folge der Ölkrise von 1973/74 und den folgenden Ölpreissteigerungen. Ebenso rechnen Wissenschaftler erstmals mit der Endlichkeit fossiler Treibstoffe. Wobei Methanol aus Kohle hergestellt werden soll. Getestet werden sollen im Rahmen des Probebetriebs auch Abgaskatalysatoren, denn zusätzlich rückt das Thema Abgasschadstoffe ins Blickfeld.

Auch der batterieelektrische Antrieb wird erneut erprobt. Zu diesem Zweck wird eine Flotte von 18 Mercedes-Benz 307 E aufgelegt, Kastenwagen mit langem Radstand sowie wahlweise flachem Dach oder Hochdach. 17 E-Transporter rollen im Kundenversuch in Berlin, einer in Stuttgart. Die Batterien sind in zwei Reihen à 90 Volt unter dem Boden angeordnet und wiegen zusammen zirka 900 Kilogramm. Zum Aufladen werden sie nach unten ausgebaut und gewechselt. Die Ingenieure probieren vier verschiedene Varianten von Antriebssteuerung und Kraftübertragung aus, von einer festen Getriebeübersetzung über einen hydrodynamischen Drehmomentwandler bis zur Ausführung mit Kupplung und Schaltgetriebe. Die Motorleistung beläuft sich auf 50 kW, die Höchstgeschwindigkeit ist auf 70 km/h begrenzt, die Reichweite

Eine Legende unter den Reisemobilen: der erste Westfalia James Cook mit Sanitätraum, hier aus dem Jahr 1989.

Der Kunststoffrahmen an der Windschutzscheibe verbessert die Aerodynamik drastisch.

beträgt etwa 65 Kilometer bei konstantem Tempo von 50 km/h.

Schneller und weiter unterwegs sind die Transporter mit Verbrennungsmotor als Basisfahrzeuge für schmucke Reisemobile. Die Branche ist noch jung, der T1 kommt gerade recht für gehobene Ausführungen. Ob wuchtige Alkovenmobile oder Integrierte mit eigenständigem Gesicht – der neue Mercedes-Benz passt. Auch als Plattform für vergleichsweise kompakte und doch komfortable ausgebaute Campingbusse. Einer tut sich besonders hervor, der Westfalia James Cook, ein Komfort-Campingbus mit einem eigenständigen Hochdach. Auf Höhe der Schiebetür eine eigenständige Sitzgruppe aus zwei Bänken, im Heck eine L-Küche und neben dem Kleiderschrank sogar ein vollwertiges Bad aus GfK mit Warmwasseranlage, Dusche und Toilette – der James Cook ist für lange Jahre der Maßstab seiner Klasse. Sein Dach hatte Johann Tomforde entwickelt, der in späteren Jahren in der Reisemobilbranche noch für Aufsehen sorgen wird. Und als zum Ende hin die Preise höher und die Stückzahlen kleiner werden, nimmt Mercedes-Benz ihn unter seinem Namen selbst ins Programm. Mitte der achtziger Jahre gesellt sich als weitere Variante der Marco Polo hinzu. Diese Bezeichnung wird anderthalb Jahrzehnte später an ganz anderer Stelle wieder auftauchen.

1982 wächst das Programm des Bremer Transporters um ein neues Spitzenmodell mit 4,6 Tonnen zulässiger Gesamtmasse. Äußerlich zu erkennen sind die schweren Jungs an einer Hinterachse mit Zwillingsbereifung. Zusammen mit der Einführung legt der Basis-Dieselmotor auf 53 kW (72 PS) zu. Ab 1983 profitieren auch die Modelle zwischen 2,5 und 3,5 Tonnen Gesamtgewicht davon. Zum gleichen Zeitpunkt steht für alle Gewichtsklassen der längst angekündigte Fünfzylinder mit 3,0 Liter Hubraum zur Wahl, der es auf eine Leistung von 65 kW (88 PS) bringt. Auch beim Benziner klettert die Leistung: 70 kW (95 PS) mobilisiert der Vergasermotor ab 1982 in allen Gewichtsklassen. Mit den neuen Motoren lösen gleichzeitig Fünfganggetriebe die ursprünglichen Viergang-Schaltgetriebe ab, auch eine Viergang-Automatik ist jetzt im Angebot. Neu sortierte Armaturen und eine umfangreichere Geräuschdämmung verfeinern den Bremer.

Mit diesem breiten Angebot startet der Transporter als Reisemobil richtig durch. Mercedes-Benz schiebt das Thema durch ein Modell auf der Messe Caravan-Salon 1982 an. Auf Basis einer Doppelkabine haben Studenten der Fachhochschule Pforzheim unter den Daimler-Designern Joseph Gallitzendörfer und Johann Tomforde ein schmuckes teilintegriertes Reisemobil mit abnehmbarem Aufbau und einem Hubdach für ein Doppelbett über der Fahrerkabine entworfen.

Immer auf der Höhe der Zeit gehalten, machen sich die Bremer Transporter gut. Nach zehn Jahren summiert sich die Zahl der verkauften Einheiten auf knapp eine halbe Million. Nur tragen sie die Bezeichnung »Bremer« zu diesem Zeitpunkt schon nicht mehr zu Recht. Bereits 1980 beginnt der Konzern mit einer Parallelproduktion im Werk Düsseldorf, zu Beginn mit den neuen schweren

4,6-Tonnern. Bis 1984 wechselt die Fertigung endgültig ins Rheinland. Hintergrund ist LPO, die »langfristige Produktionsordnung«. Nach dem T-Modell der Baureihe W 123, dem ersten werkseigenen Kombi, kommt auch die neue Pkw-Modellreihe W 201, der »Baby-Benz« oder 190er, ab 1982 aus Bremen. Damit hat sich das ehemalige Borgward-Werk in ein Pkw-Werk gewandelt, Düsseldorf ist das neue zentrale Transporterwerk von Daimler Benz für jetzt zwei Baureihen.

Der Bremer aus Düsseldorf erhält 1989 eine umfassende Modellpflege. Als »Meilenstein in der dieselmotorischen Verbrennungstechnik« kündigt das Unternehmen eine neue Generation von Dieselmotoren an, ihr Motto lautet »mehr Leistung und Drehmoment, weniger Verbrauch sowie geringere Schadstoffemissionen«. Diese neue Motorengeneration ist eng verwandt mit den Pkw-Dieseltriebwerken, bietet aber mehr Hubraum pro Zylinder. Auf 58 kW (79 PS) beläuft sich die Leistung des 2,3 Liter großen Vierzylinders, der neue Fünfzylinder mit 2,9 Liter Hubraum erreicht 70 kW (95 PS), in Verbindung mit Automatikgetriebe sogar noch jeweils drei Pferdestärken mehr. Gesunken ist nicht nur die Nenndrehzahl (von 4400/min auf 3800/min), sondern auch das Gewicht: Einen guten Zentner weniger Eigengewicht als die Vorgänger bringen die neuen Diesel auf die Waage. Dank des bulligen Drehmoments dieser neuen Motoren

Hymermobil S-Klasse: Top-Variante der integrierten Reisemobile auf T1/Bremer.

Im Laufe seiner Karriere legt der Bremer bis auf 4,6 Tonnen zulässiger Gesamtmasse zu, erkennbar an der Zwillingsbereifung.

Strammer Bursche: T1/Bremer 410 D, Doppelkabine mit 4,6 Tonnen zulässiger Gesamtmasse und Fünfzylinder-Diesel.

kann das Werk es sich erlauben, die Schaltgetriebe mit wesentlich längeren Übersetzungen auszustatten und somit die Drehzahl bis um 24 Prozent zu senken. Das bewirkt eine erhebliche Reduzierung von Geräuschen und Kraftstoffverbrauch. Die raren Benziner legen auf 77 kW (105 PS) zu.

Äußerlich sind die überarbeiteten Transporter vor allem an der Verkleidung der vorderen Fensterholme bei den Hochdachvarianten, der zusätzlichen Verkleidung der Regenrinne über der Windschutzscheibe bei allen anderen Modellen sowie am neuen Stoßfänger zu erkennen, der auf Schlitze verzichtet. Allein diese Kunstgriffe verbessern die Aerodynamik je nach Aufbau um bis zu 25 Prozent. Sparsamere Motoren, gesenkte Drehzahlen und erhöhte Windschnittigkeit: Aus diesen drei Komponenten resultiert eine Senkung des Verbrauchs, die zum Beispiel für einen Kastenwagen mit Flachdach bei konstant 100 km/h knapp 23 Prozent erreicht.

18 Jahre beträgt die Produktionszeit des T1, bis mit dem Transporter Nummer 969 751 im Jahr 1995 das letzte Exemplar dieser erfolgreichen Reihe vom Band rollt. Der Produktionsrekord liegt im Jahr 1991 nach der deutschen Wiedervereinigung: mehr als 71 000 produzierten Einheiten.

Sogar im letzten Jahr der T1-Produktion ist die Kapazität des Düsseldorfer Werkes ausgelastet. Dann läuft der Mercedes-Benz Sprinter an, der rasch aus dem Schatten des Bremers heraustreten wird, der in der Realität meist ein Düsseldorfer war. Und siehe da, die einst gescheiterte Zusammenarbeit mit VW wird nun tatsächlich umgesetzt

Wenn's keinen 4x4 ab Werk gibt, dann kümmern sich Umbauer darum: Allradantrieb von Iglhaut unter Verwendung von Komponenten des Geländewagens G.

IGLHAUT
ALLRAD
IGLHAUT GMBH
Vertragswerkstätten der
MERCEDES-BENZ AG
310D
S-HW 5804

1986: MB 100 D – ein Transporter aus dem spanischen Baskenland mit einer verwickelten Vorgeschichte

Der damalige Daimler-Nutzfahrzeugvorstand Gerhard Liener im Jahr 1988: »Ein erstes Beispiel für den von uns angestrebten internationalen Konzernverbund und gleichzeitig unsere wichtigste Neuheit auf der diesjährigen IAA ist der bei unserer Tochtergesellschaft in Spanien gefertigte Transporter MB 100 D.«

Automobilgeschichte ist stets auch spannende Industriegeschichte. Welch verschlungene Wurzeln sich da unter der Oberfläche entdecken lassen, zeigt das Beispiel Mercedes-Benz in Vitoria im Baskenland/Spanien. Aber die Geschichte dieses Transporterwerks beginnt beileibe nicht erst, als der kantige Transporter MB 100 D nach langem Anlauf seinen Weg nach Mitteleuropa findet.

Im Jahr 1950 gründet eine Gruppe von Unternehmern in Barcelona die Gesellschaft Industrias del Moto S.A. (Imosa), die sich später in Vitoria niederlässt. Ziel ist die Aufnahme einer Automobilfertigung. Als Partner findet sich die Auto Union. Das einst sächsische Unternehmen ist nach dem zweiten Weltkrieg und der folgenden deutschen Teilung gerade dabei, mit neuen Fabriken in Westdeutschland Wurzeln zu schlagen. Die Auto Union erteilt die Lizenz zur Fertigung des erst kurz zuvor im Jahr 1949 präsentierten Transporters DKW F 89 L in Kurzhauber-Bauweise und beteiligt sich an der Imosa mit 50 Prozent. Am 20. März 1954 beginnt in Vitoria die Montage. Den Transporter kennzeichnet klassische DKW-Technik: Vorderradantrieb, tragender Rohrrahmen; Motor, Getriebe und Differenzial sind in einem Block verbaut. Der Zweizylinder-Zweitakter leistet aus 0,7 Liter Hubraum 22 PS, genug für 80 Sachen. Mit nur vier Meter Länge der geschlossenen Varianten und

Ein MB 100 der besonderen Sorte: Minibus mit Sonderaufbau eingesetzt als MB 100 E mit batterieelektrischem Antrieb in Barcelona ab den Olympischen Spielen 1992.

1986: MB 100 D

Die Wurzeln des MB 100 D gehen auf DKW zurück; Der F 89 L wurde auch im spanischen Baskenland gefertigt. (Foto: Unternehmensarchiv der Audi AG)

Typische DKW-Konstruktion: Zweitakt-Frontmotor und Vorderradantrieb, dazu ein Rohrrahmen. (Foto: Unternehmensarchiv der Audi AG)

1,8 Tonnen Gesamtgewicht ist der F 89 L mit seinen hinten angeschlagenen Türen sehr kompakt.

Mit modifizierter Optik, Technik und Ausstattung folgen 1960 bis 1963 die Modelle DKW 800 S und 70 P auf Basis des DKW Schnell-Lasters 3=6, bevor 1963 die Fertigung des neuen F 1000 L aufgenommen wird. Ein Dreizylinder-Zweitaktmotor mit einer Leistung von 40 PS treibt den 4,4 Meter langen und maximal 2,4 Tonnen schweren DKW an. Die Konstruktion und das für damalige Verhältnisse für einen Transporter aufregende Styling in Frontlenker-Bauweise mit großer einteiliger Windschutzscheibe und breitem Grill stammen vom renommierten italienischen Designstudio Fissore. Der F 1000 L wird in geringen Stückzahlen auch nach Deutschland exportiert, scheitert hier indes an seinem veralteten Zweitaktmotor.

Währenddessen hat die damalige Daimler-Benz AG 1958 die Auto Union übernommen. Mit diesem Schritt kommen neben dem Werk Düsseldorf der Auto Union auch die Anteile der Auto Union an der Imosa und damit am Werk Vitoria in ihren Besitz. In der Folge erweitert ab 1964 der F 1000 D das Programm, angetrieben von einem Dieselmotor mit Stern, hergestellt in Lizenz von Sispalsa in Barcelona. Diese Fabrik fertigt auch den L 319 D, an ihr ist Daimler-Benz beteiligt.

1965 gibt die Daimler-Benz AG die Auto Union und damit auch Vitoria an die Volkswagen AG ab und finanziert mit dem Erlös das neue Lkw-Werk in Wörth, liefert aber weiterhin Motoren. Durch Fusionen wird 1972 aus der Imosa die Compania Hispano Alemana de Productos Mercedes-Benz y Volkswagen S.A. (Mevosa). Wichtigste Anteilseigner sind mit je 27 Prozent die Daimler-Benz AG und die Volkswagen AG sowie mit weiteren 25 Prozent die staatliche Gesellschaft Instituto Nacional de Industria (INI). Gleichzeitig nimmt das Werk Vitoria die Fertigung des großen Transporters L 406 D (später L 407 D, L 508 D und L 608 D) auf, in Deutschland nach seinem Herkunftswerk auch als »Düsseldorfer« bezeichnet.

Auf den F 1000 folgt 1975 der Frontlenker N 1000/N 1300, und damit eine Premiere: Er ist – von schweren Lkw in Südamerika abgesehen – das erste Fahrzeug mit Stern von Mercedes-Benz, das außerhalb Deutschlands gefertigt wurde. Das Design wird weitgehend unverändert übernommen. 1976 zieht sich die Volkswagen AG aus der Mevosa zurück, die Daimler-Benz AG übernimmt in mehreren Schritten die Mehrheit der Gesellschaft, die in Mercedes-Benz Espana S.A. umfirmiert.

1980 löst der MB 100 den N 1000 ab, immer noch ein Frontlenker mit Motor in der Kabine, die geglättete Karosserie mit einem nun typischen Gesicht von Merce-

Geprägt von italienischem Design: Auto Union F 1000 L Jahrgang 1963, angetrieben jedoch von einem Zweitakter. (Foto: Unternehmensarchiv der Audi AG)

Der F 1000 L - hier als Pritschenwagen - ist ein unmittelbarer Vorläufer des Mercedes-Benz MB 100 D. (Foto: Unternehmensarchiv der Audi AG)

Schmucke Karosserie, jetzt schon mit einem Dieselmotor von Mercedes-Benz: F 1000 L von 1969. (Foto: Unternehmensarchiv der Audi AG.)

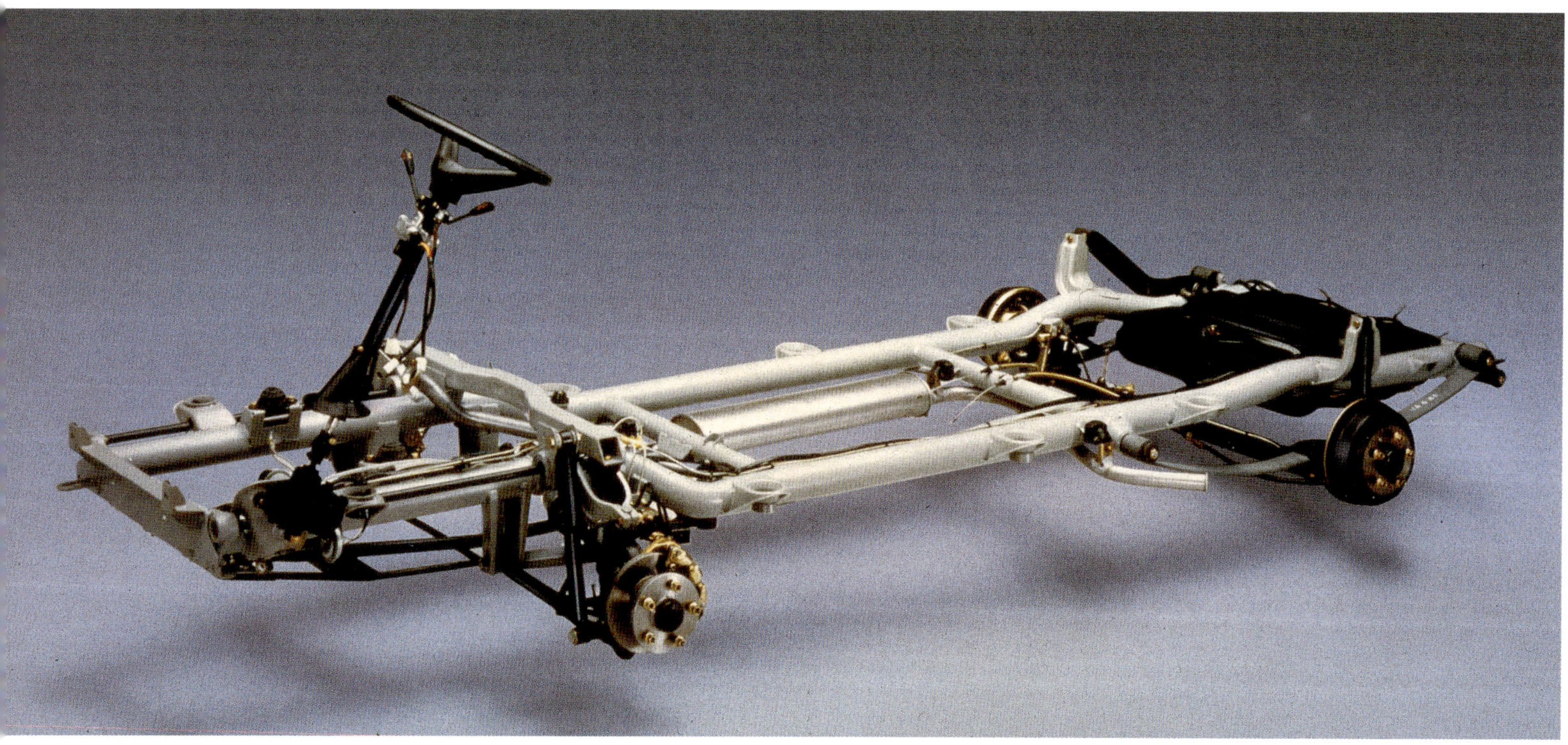

Der Rundrohrrahmen lebt weiter, er bildet ab 1987 die Basis für den MB 100 D, der nun auch außerhalb Spaniens akzeptiert wird.

des-Benz erinnert stark an den Vorgänger. Sukzessive entwickelt Mercedes-Benz Espana aus dem MB 100 eine breit angelegte Baureihe. Sie mündet in einer Palette vom MB 90 bis zum MB 180 mit 3,5 Tonnen Gesamtgewicht.

Als Nachfolger ist ursprünglich eine Zusammenarbeit mit Mitsubishi beim Ende 1986 neu vorgestellten Kleintransporter L 300 geplant, entsprechende Prototypen mit eingeprägtem Stern auf der Frontblende sind seinerzeit bereits auf dem Testgelände der Japaner zu entdecken. Stattdessen legt Mercedes-Benz 1986 die neue Baureihe MB 100 bis MB 180 auf. Sie deckt ein deutlich größeres Spektrum ab als der deutlich kompaktere Japaner mit seiner fernöstlich geprägten Konstruktion mit Motor unter den Vordersitzen und Hinterradantrieb.

Maximal 3,5 Tonnen Gesamtgewicht und vorn in der Kabine der unverwüstliche Vorkammer-Dieselmotor von Mercedes-Benz mit 53 kW (72 PS) mit 2,4 Liter Hubraum, so die Kennzeichen des neuen Transporters mit Stern. Die Verpackung ist schnörkellos, typisch der Kühlergrill, ebenso die Seitenfenster des Cockpits mit schräger Brüstung, erstmals 1977 im T1/Bremer eingeführt. Untypisch für ein Auto mit Stern ist das Konstruktionsprinzip mit Frontantrieb, Drehstabfederung an der Vorderachse mit Einzelradaufhängung und Rahmenbauweise, der MB 100 D kombiniert also Gene von Mercedes-Benz und immer noch von DKW. Nach Deutschland kommt der Transporter im Jahr 1988 in der Variante MB 100 D als Kastenwagen und Kombi in zwei Längen von 4,65 und 5,07 Metern und 2,5 bis 2,65 Tonnen zulässiger Gesamtmasse. Das Ziel, so Vorstand Liener: »Mit dem MB 100 D erweitern wir unsere Transporterbaureihe im Bereich der Fahrzeuge mit einer Tonne Nutzlast … Wir werden mit dem MB 100 D beginnend im Herbst neue Käuferschichten in verschiedenen Märkten ansprechen.«

Den rund zehn Jahre zuvor eingestellten Nachfahren der Linie von Hanomag-Henschel lässt der Vorstand dabei außer Acht. Der Hauptgegner aber ist schnell ausgeguckt, er sitzt in Norddeutschland. Ihm hat der neue MB 100 D vor allem eines voraus: eine herausragende Raumausnutzung mit enorm viel Platz und weitgehend freie Bahn für Auf- und Ausbauer hinter der Kabine. Eine perfekte Vorlage unter anderem für Reisemobilhersteller. Sie zaubern auf knapper Grundfläche komplette Wohneinrichtungen einschließlich Bad hinein oder bürden dem Fahrgestell üppige Alkovenaufbauten auf. Unpraktisch sind die Höhe von haarscharf über zwei Meter mit Seriendach und der vergleichsweise große Wendekreis. Die Bedienung ist markentypisch schnörkellos, der Gangwechsel des Fünfganggetriebes mit dem weit nach vorn gebogenen Schalthebel jedoch kein Vergnügen. Die kopflastige Gewichtsverteilung versucht Mercedes-Benz mit einer Positionierung der Batterie hinter dem rechten

Die erste Generation des MB 100 Anfang der achtziger Jahre kann die Verwandtschaft mit dem Vorgängermodell nicht verbergen.

Radkasten im Laderaum ein wenig auszugleichen. Kenner werden sich angesichts der schon etwas überlebten Konstruktion Jahre zurückversetzt fühlen, in die von Hanomag übernommenen L 206 D und Kollegen.

1991 legt Mercedes-Benz nach. Die neue schräge Frontpartie mit nun trapezförmigen Scheinwerfern verlängert den MB 100 D um 15 Zentimeter. Es geht dabei weniger um Optik als um bessere Crashsicherheit mit Deformationselementen. Neue Sitze, ein Lenkrad mit Pralltopf und eine umfangreichere Ausstattung werten das Interieur auf. Die Motorleistung steigt dezent auf 55 kW (75 PS). Die zulässige Gesamtmasse des MB 100 D wächst auf 2,8, optional 3,0 Tonnen. Damit fasst der immer noch kompakte Transporter noch besser Fuß in der Reisemobilbranche. Ob Campingbusse mit kleinem Bad im Heck oder wuchtige Alkovenmobile – der Mercedes-Benz findet in der aufstrebenden Branche zahlreiche Freunde. Heute noch bekannte Marken wie La Strada, HRZ, Karmann, Reimo, Concorde, Tischer und Weinsberg setzen ebenso auf den MB 100 D wie längst vergessene Betriebe.

Im Nutzfahrzeugsegment wächst der MB 100 D in ungeahnte Größen: Mit Tiefrahmenchassis, sogar als Tandemachser, erreicht der Transporter ungeahnte Größen, zum Beispiel als Mercedes-Benz O 100 Citybus mit einem externen Aufbau des niederländischen Unternehmens Duvedec und 5,8 Tonnen zulässiger Gesamtmasse. Hinter dem Kühlergrill arbeiten in diesem Fall ein Fünfzylin-

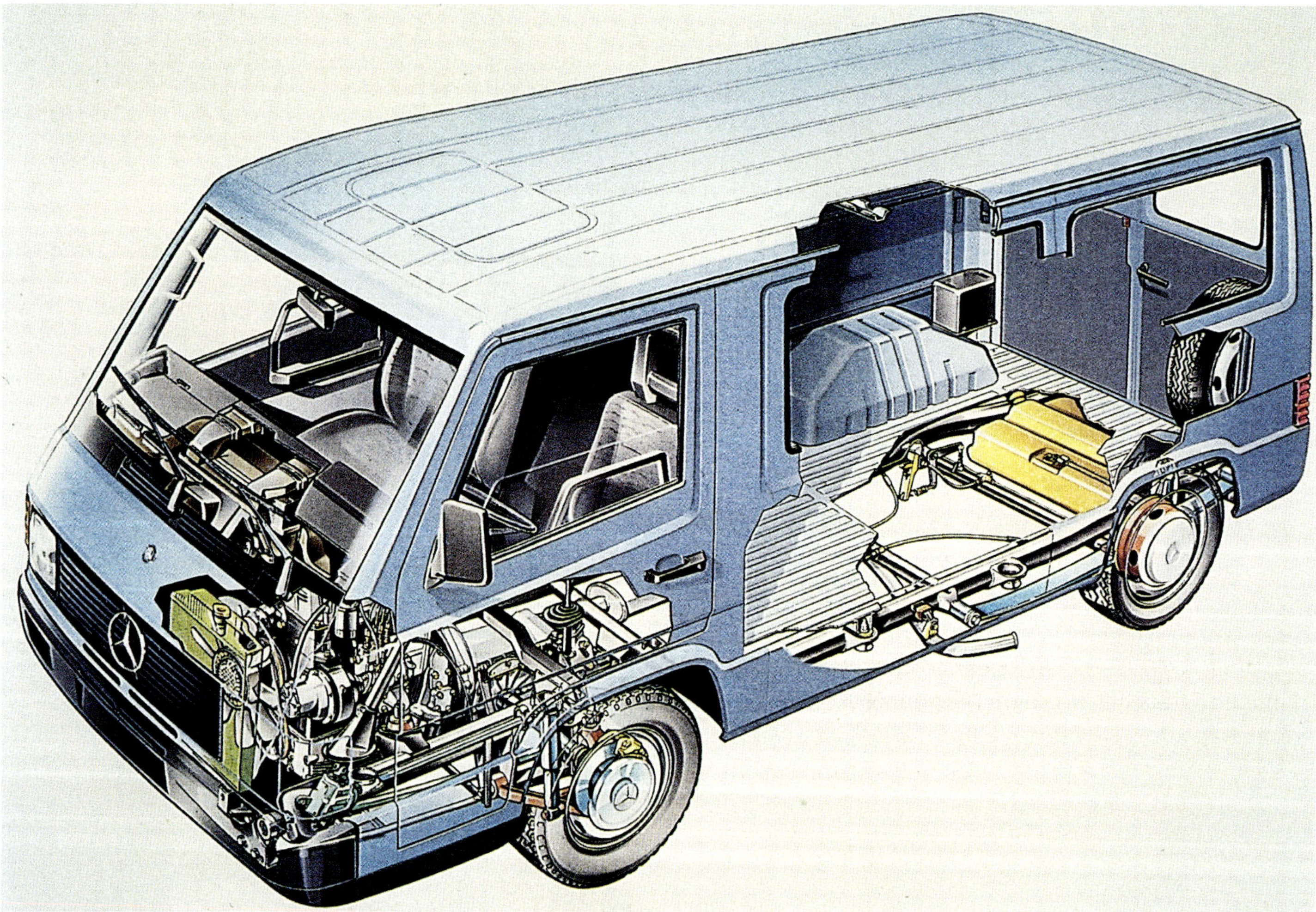

Unter der gefälligen Karosserie des MB 100 D stecken 1987 immer noch Gene von DKW.

MB 100 D 1987: Kastenwagen, Kombi, Hochdach, zwei Längen, Optik nahe am Bremer - passt.

der mit 2,9 Liter Hubraum und 72 kW (98 PS) und ein Automatikgetriebe.

Den Transporter erhält sogar einen Elektroantrieb, ihn testet Mercedes-Benz im MB 100 E ab 1992. Die Reichweite beträgt bis zu 80 Kilometer ohne Nachladen, die Höchstgeschwindigkeit etwa 70 km/h, der Verbrauch ca. 40 kWh auf 100 km. Die Ladefläche entspricht einem konventionellen MB 100. 1992 startet auf der Insel Rügen ein auf vier Jahre angelegtes Demonstrationsprojekt zur Erprobung von Elektrofahrzeugen, um Aussagen über deren Verhalten unter Praxisbedingungen zu gewinnen. Von Mercedes-Benz kommen jeweils zehn Versuchsfahrzeuge auf Basis des Pkw 190ers und des Transporter MB 100 mit verschiedenen Elektromotor-Batterie-Kombinationen. Getestet werden Natrium-Nickelchlorid, Natrium-Schwefel, Nickel-Cadmium, angeboten ab 1994 schließlich Blei-Gel-Batterien. Die Fahrzeuge auf Rügen werden an normalen Steckdosen betankt, aber auch an speziellen Stromtankstellen, deren Energie teilweise direkt vom Sonnenlicht gewonnen wird.

Im Frühjahr 1994 schließlich lädt Daimler-Benz die internationale Presse zu einer Präsentation nach Ulm auf den Eselsberg ein, Standort der Ulmer Universität und des neuen Daimler-Benz Forschungszentrums. Vor Ort gibt es eine Überraschung. Es geht am 13. April 1994 um nicht weniger als eine Revolution des Antriebs. Als Plattform dient der MB 100 D. Indes haben die Verantwortlichen

Den kompakten MB 100 D gibt es auch als Fahrgestell mit Fahrerhaus, hier mit einem Kofferaufbau ausgestattet.

Als Pritschenwagen profitiert des MB 100 D dank Vorderradantrieb von seiner beladefreundlich niedrigen Rahmenhöhe.

Der MB 100 D hält viel aus: hier trägt er ein wuchtiges Alkoven-Reisemobil von Eura Mobil.

Die kompakte Karosserie bietet viel Platz auf wenig Außenfläche, ideal auch für Campingbusse, sogar mit Sanitärraum.

Interieur nach der Überarbeitung 1991: Geblieben ist der wuchtige Kasten des Motors im Fahrerhaus.

den Buchstaben »D« ebenso gestrichen wie die gesamte Typenbezeichnung, denn hier fährt NECAR (New Electric Car) mit Brennstoffzellenantrieb vor, das erste Auto der Welt mit dieser Technologie. Die Brennstoffzelle wandelt Wasserstoff und Sauerstoff in einer chemischen Reaktion – auch als »kalte Verbrennung« bezeichnet, in Wasser um. Dabei entsteht elektrische Energie, die einen Elektromotor antreibt. Anstelle schädlicher Abgase emittiert der Antrieb harmlosen Wasserdampf. Die nötigen Anlagen zur Stromerzeugung füllen indes den gesamten

Laderaum des Transporters aus und wiegen 800 Kilogramm. Transportieren kann der Transporter also nichts – aber fahren: Bis zu 130 Kilometer legt er mit einer Tankfüllung von 150 Litern oder vier Kilogramm Wasserstoff zurück. Die Höchstgeschwindigkeit beträgt 90 km/h, der Elektromotor leistet 30 kW. Zur Unterscheidung von weiteren Forschungsfahrzeugen erhält der außergewöhnliche Transporter später die Bezeichnung NECAR 1. Heute

Die Flotte des MB 100 D ab Facelift: Spanne vom Fahrgestell mit Fahrerhaus bis zum geräumigen Kombi.

Elektrovariante MB 100 E für den Großversuch auf der Insel Rügen im Jahr 1992. Sichtbar ist der Batteriekasten.

Immer vorneweg: MB 100 E mit Aufbau als Kamerawagen anlässlich der olympischen Spiele 1992 in Barcelona.

Mercedes-Benz O 100 City: schmucker Minibus mit Sonderfahrgestell und Tandemachse.

Antriebsrevolution im Jahr 1994: vom MB 100 zum Necar mit Brennstoffzelle als Stromerzeuger aus Wasserstoff.

hat er seinen Platz im Mercedes-Benz Museum in Stuttgart gefunden.

In Europa werden der MB 100 D und seine Kollegen der Baureihe 1995/96 von der Doppel-Baureihen Vito/V-Klasse abgelöst. Die Laufbahn des Südeuropäers ist damit jedoch noch längst nicht zu Ende. Der südkoreanische Kooperationspartner Ssangyong fertigt die Baureihe weiter, sie wird bis 2004 sowohl als Ssangyong Istana als auch unter der Bezeichnung Mercedes-Benz MB 100 und als Daewoo angeboten, in Asien sowie in Australien, Neuseeland und Südamerika. Mit Teilen aus Korea wird er außerdem in Vietnam im CKD-Verfahren produziert.

Hinter dem modernisierten und im Stil der Zeit etwas weicher geformten Gesicht stecken Dieselmotoren mit

Der Laderaum des Necar ist komplett durch die revolutionäre Brennstoffzellentechnik belegt.

Fahrerhaus des MB 100 D kombiniert mit Nutzfahrzeugtechnik: MB700 (Foto) und MB800 aus der Türkei und Südafrika.

2,3 und Benziner mit 2,2 Liter Hubraum. Im nächsten Schritt wechselt der Transporter von 2009 bis 2014 als SAIC nach China, einem Hauptanteilseigner von Ssangyong. Somit hat die Grundkonstruktion von DKW bis in die jüngste Vergangenheit überlebt und die Transporter-Baureihe rund um den MB 100 D mit fast 30 Jahren ein geradezu biblisches Alter erreicht. Auch in Verbindung mit ganz anderen Kalibern begegnet man dem MB 100 noch lange, zumindest seinem Fahrerhaus: Es wird für die leichten Lkw MB700 und MB800 aus türkischer und südafrikanischer Fertigung genutzt, die bis ins neue Jahrtausend hinein für Afrika, den mittleren Osten, Asien und Australien/Neuseeland gefertigt werden. Automobilgeschichte ist eben stets auch spannende Industriegeschichte.

Nachfahre des MB 100 D aus Korea mit vielen Markennamen: Mercedes-Benz, Ssangyong Istana, und Daewoo.

1986: Mercedes-Benz T2 und Vario – der letzte echte Großtransporter, ein Klassiker der Automobilgeschichte

Rom im März 1986, Fahrpräsentation des neuen Mercedes-Benz T2, auch T2N, übersetzt »Transporter zwei neu«. An den Straßenrändern der ewigen Stadt liegen nach einem überraschenden Wintereinbruch Berge von Schnee. Für einen robusten Großtransporter kein Hindernis. Der neue Mercedes-Großtransporter T2 stapft bei seiner Fahrvorstellung unerschütterlich durch das unweigerlich entstandene Durcheinander. Umgeben von jahrtausendealten Bauwerken und Straßen aus der Römerzeit gibt Entwicklungsvorstand Rudolf Hörnig unter anderem einen Ausblick auf die Zukunft. Der neue T2 ist schließlich Teil des Forschungsprojekts »Prometheus«. Was damals futuristisch klingt, wird erst Jahrzehnte später Alltag: Spurführung, automatische Abstandsregelung, elektronische Antriebssteuerung und ein fahrerorientiertes Kommunikationssystem. Hinter der Windschutzscheibe hängt ein klobiges Kamerasystem, es gibt ein zusätzliches Bedienelement auf der Armaturentafel, im Laderaum Rechner – gut, dass der neue Transporter reichlich Platz bietet.

Die Gegenwart sieht 1986 und viele Jahre danach noch ganz anders aus. Zwar wird das Automobil gerade 100 Jahre alt, doch der T2 ist ein gänzlich uneitles Fahrzeug. Der Großtransporter – eigentlich ein schon ein »Größttransporter« – ist Nachfolger von L 319 D und Düsseldorfer. In deren große Fußstapfen hat der Nachfolger nun zu treten. Ist es Zufall oder Absicht, dass Daimler-Benz seine neuen Großtransporter ausgerechnet am Tag des Frühlingsanfangs vorführt? Der neue »Düsseldorfer« oder »T2/T2N« – einen Namen gibt es immer noch nicht – soll

Typischer Einsatz: Der T2 wird als echtes Arbeitspferd geboren. Er kreuzt Lkw- und Transportergene, hier ein 609 D.

1986: T2 und Vario

Den Kastenwagen gibt es in zwei Höhen. Unverkennbar: optische Verwandtschaft mit dem Bremer.

Es gibt fast nichts, was es nicht gibt, zum Beispiel einen stämmigen Kastenwagen als Doppelkabine, Beispiel 609 D.

jedenfalls in seinem Marktsegment für ein Frühlingserwachen sorgen. Dem T2 ist auf Anhieb anzusehen, wo er herkommt und hingehört: hier ein wenig aufgeplusterter Bremer Transporter, dort eine kräftige Prise Leicht-Lkw LN 2, Vorläufer des späteren Atego. Das hat Methode, vom Markengesicht über das Interieur bis zum Antrieb.

Die kantige Motorhaube des Kurzhaubers ist ein ganzes Stück nach vorne gerückt, das bedeutet mehr Platz im Fahrerhaus und Wartung komplett von außen unter der Haube. Geblieben ist es beim bequemen Einstieg nach der Vorderachse. Die riesigen Glasflächen erinnern an einen Wintergarten und vermitteln zusammen mit der kantigen Karosserie und großen Außenspiegeln eine prima Sicht. Die Seitenfenster mit schräger Brüstung sind seit der Premiere des T1/Bremer im Jahr 1977 bei Mercedes-Benz gesetzt. Ebenso die Einheit aus dunklem Kühlergrill und Scheinwerfer vorn quer, nun einschließlich Blinker. Mittendrin der Zentralstern, wie es sich für einen Mercedes-Benz gehört. Trotz kurzer Haube hier und Frontlenker dort: Die Breite über Blech des Fahrerhauses von T2 und des Leicht-Lkw ist auf den Millimeter identisch, die Hälfte der Rohbauteile ist gleich oder abgeleitet. Identisch sind drinnen auch Armaturentafel, Sitze, Verkleidungen und sogar Heizung und Lüftung. Das Radio findet seinen

Das Fahrgestell profitiert im Vergleich zu herkömmlichen Leicht-Lkw von seiner großen Nutzlast und verträgt somit üppige Aufbauten.

Es gibt unendlich viele Einsatzgebiete für den T2, auch als kräftig gebauter Pritschenwagen sowie Kipper.

Kaum vorgestellt, dient der T2 bereits als Versuchsträger für Assistenzsysteme und das autonome Fahren.

Alkovenmobile sind 1990 seinerzeit noch in Mode, siehe den kantigen und wuchtigen Niesmann + Bischoff Clou.

Platz ebenfalls in einer Konsole oberhalb der Windschutzscheibe. Feiner interner Unterschied der Neulinge: Das Fahrerhaus des Kastenwagens ist 200 Millimeter höher als das der Fahrgestelle, zu erkennen an einem zusätzlichen, längs angeordneten Seitenfenster in der höheren Tür.

Das »L« für Lastwagen eingangs der Typenbezeichnung ist entfallen. Die Spanne reicht nun vom 507 D bis zum 811 D, was Kennern Rückschlüsse auf Tonnage und Motorisierung erlaubt. Im Vergleich zum Vorgänger wächst das Programm, die Gewichtsklasse reicht von 4,6 bis nun 7,5 Tonnen, eine Ablastung auf 4,0 und sogar 3,5 Tonnen ist möglich. Das bedeutet Überschneidungen zum

Auch hier steckt ein T2 drunter: Vario mobil Star mit ebenso feiner wie individueller Einrichtung, ebenfalls Jahrgang 1990.

T1/Bremer und den LN 2-Lkw, die Modellpalette lässt keine Lücke. An Varianten fehlt es nicht, zum werksseitigen Programm zählen Kastenwagen und Hochdach-Kastenwagen, Fahrgestell mit Fahrerhaus und Windlauf, Pritsche, Kipper und eine Doppelkabine, eine Doka sogar für Kastenwagen. Das alles steht mit bis zu drei Radständen zur Wahl, die Kastenwagen sind 5,34 und mehr als sieben Meter lang. Die Kastenwagen schlucken zwischen 10,4 und 17,4 Kubikmeter Ladung und sind bis hinauf zum 7,5-Tonner im Angebot. Die Nutzlast fällt entsprechend beachtlich aus, ebenso eine üppige Anhängelast von ebenfalls maximal 7,5 Tonnen.

Die Motorenpalette umfasst zunächst vier Triebwerke. Da wäre unverdrossen ein 2,3-Liter-Benziner mit 70 kW (95 PS). Dann der allseits bekannte 2,4-Liter-Diesel aus Transportern und Pkw mit 53 kW (72 PS). Standesgemäßer erscheinen die Vierzylinder aus dem Lkw-Regal, ein 4,0-Liter Saugmotor mit 66 kW (90 PS) und dessen aufgeladene Variante mit 85 kW (115 PS). Die Kraftübertragung übernehmen Fünfgang-Schaltgetriebe, alternativ ein vierstufiges Wandler-Automatikgetriebe, bis dahin eher exotisch im Programm. Bremsen mit Scheiben vorn verzögern die Fuhre, auf Wunsch mit Druckluftunterstützung. Die schweren Kaliber bringen serienmäßig eine Motorbremse mit. Der Fahrsicherheit dienen unter anderem die 70 Millimeter breitere Rahmenspur, längere Radstände von 3150, 3700 und 4250 Millimeter, Niederquerschnittsreifen sowie neue Längen und Anlenkpunkte der Parabelfedern.

Allradantrieb aus dem eigenen Haus: T2 814 DA 4x4 aus dem Jahr 1991.

Schnörkellose Armaturentafel, übernommen von de leichten Lkw mit Stern. Der Motor ragt dank längerem Vorbau kaum in die Kabine.

Der Fahreindruck: Die Kabine bietet Platz in Hülle und Fülle, die Sicht ist ebenso ausgezeichnet wie die übersichtliche Bedienung mit Tasten und Reglern links und rechts des Lenkrads auf pultförmigen Erhöhungen, die Servolenkung (Aufpreis außer 7,5-Tonner) arbeitet präzise, am sicheren Fahrwerk irritiert allein ein sehr gewöhnungsbedürftiges Bremsnicken beim Anhalten.

Mit dem ersten Aufschlag des T2 ist noch lange nicht Schluss: Angekündigt sind eine Sattelzugmaschine, ein Allrad und – davon abgeleitet – ein Triebkopf mit Frontantrieb für Spezialfahrzeuge. Der T2 4x4 verfügt über

Der Blick unter das Blech des Vario Jahrgang 1996 zeigt viel robuste Lkw-Technik.

1996: Vom T2 zum Vario - endlich ein Name, doch sonst ändert sich außer Kühlergrill und Scheinwerfern wenig.

einen permanenten Allradantrieb mit fester Drehmomentverteilung zwischen Vorder- und Hinterachse von 1:2,62, eine Gelände-Untersetzung sowie ein sperrbares Längsdifferenzial. Ein Verteilergetriebe portioniert die Kraft zwischen Hinter- und Vorderachse 72:28 Prozent. Es ist ein Allrad für Profis, für Bau, Kommunalbetriebe, für Katastrophenschutz und Energieversorger. Für 1987 schließlich avisiert das Unternehmen einen Nachfolger des altgedienten Minibusses O 309. In Vorbereitung ist außerdem eine nochmals stärkere Ausführung des 4,0-Liter Turbodiesels. Mit Ladeluftkühlung wird er als 714D/814 D 100 kW (136 PS) erreichen. 1990 erhält der T2 eine neue Basismotorisierung. Der neue Vierzylinder-Dieselmotor mit 2,3 Liter Hubraum im 508 D ist leichter und leistet 58 kW (79 PS). Mercedes-Benz liefert den Großtransporter jetzt serienmäßig mit Servolenkung. Wer ein Automatikgetriebe bestellt, bekommt nun anstelle der Viergang- eine Fünfgangautomatik. Das umfangreiche Gesamtpaket des T2 ist neben den zahlreichen Modellen ab Werk auch für Aufbauer interessant. Sie nutzen ihn eifrig für Sonderfahrzeuge, Kipper, Koffer und Einsatzfahrzeuge aller Art. Auch die aufkeimende Reisemobilbranche setzt mit Fahrzeugen der Luxusklasse auf den T2.

1991 zieht der Großtransporter von Düsseldorf nach Ludwigsfelde um, er wird vom Rheinländer zum Preußen. Der Anlauf in Ludwigsfelde ist gestaffelt, am 6. September 1991 läuft der erste T2 vom Band. Ab 1992 erfolgt die Fertigung des Großtransporters dann komplett in Ludwigsfelde. Das Werk vor den Toren Berlins blickt auf eine abwechslungsreiche Geschichte zurück. Im Januar 1936 erfolgte hier in unseligen Zeiten der Spatenstich zum Bau der Daimler-Benz Motoren GmbH Genshagen. Die Flugzeug-Motorenproduktion begann ein Jahr später. Nach Ende des Zweiten Weltkrieges wurde das von Bomben kaum beschädigte Werk vollständig demontiert. 1952 ließ die DDR-Regierung auf dem Gelände des ehemaligen Daimler-Benz Werkes den Volkseigenen Betrieb (VEB) Industriewerk Ludwigsfelde errichten. Ab 1955 wurden hier Motorroller, Geländewagen, Dieselameisen und auch Rennbootmotoren gefertigt. Im Jahr 1962 fiel die Entscheidung, das Industriewerk zu einem Lkw-Werk auszubauen. In der Folge wurden ab 1965 bis 1990 Lkw vom Typ IFA W 50 und L 60 produziert, zusammen rund

Mit Hybridantrieb wird der Diesel 1998 zum Saubermann. Batterien links und rechts am Chassis.

Konzeptstudie Altra 1998: Der Aluminium-Transporter bleibt trotz Raumgewinn und viel Nutzlast ein Einzelstück.

600 000 Einheiten. Mit der der Wende in der damaligen DDR brachen die Absatzmärkte für die veralteten Lkw weg, Ende 1990 verlässt der letzte W50 das Montageband. Eine geplante Kreuzung aus Mercedes-Benz-Lkw und IFA-Komponenten, der IFA 1318, kommt aufgrund der bevorstehenden Wiedervereinigung nicht zustande. Am 1. Februar 1991 gründet die Treuhandanstalt die Nutzfahrzeug Ludwigsfelde GmbH, an der sich die Daimler-Benz AG beteiligt. Das Werk muss schnellstens mit Aufträgen gefüllt werden. Rasch mit ersten Mercedes-Benz Lkw, noch im selben Jahr mit der kompletten Baureihe des Transporters T2. 1994 übernimmt Daimler-Benz das Werk zu 100 Prozent.

Mitte der neunziger Jahre gibt es bei den Nutzfahrzeugen von Mercedes-Benz über alle Größen und Baureihen hinweg einen enormen Innovationsschub. Premiere haben 1995 der rundum neue Sprinter sowie die ebenfalls neue Doppelbaureihe Vito und V-Klasse, 1996 der revolutionäre schwere Lkw Actros, 1997 der wegweisende

Stadtbus Citaro, 1998 schließlich die Lkw der »leichten Klasse«. Auch am oberen Ende der Transporterskala ist Bewegung: Aus dem T2 wird nach exakt 27 Monaten Entwicklungszeit im Jahr 1996 der Vario, seine Spanne reicht von 4,8 bis 7,5 Tonnen, die Modellpalette zunächst vom 512 D bis zum 814 D.

Mit dem Wechsel zum Vario bleibt das Blechkleid unverändert, jedoch wirkt der nun V-förmige Kühlergrill moderner und dynamischer. Die Blinker sind wie Augenbrauen oberhalb der Scheinwerfer angeordnet. Beide haben nun Querformat, sind angeschrägt und greifen seitlich um. Spektakulärer erscheinen die Umwälzungen unter der Stummelhaube. Komplett neu entwickelt sind die 900er-Maschinen, die kurz zuvor in den Lkw der sogenannten »Leichten Klasse« – Vorläufer des Atego – Premiere gefeiert hatten: Die Atmung des Motors geschieht über drei Ventile, Einzelsteckpumpen jagen den Diesel unter hohem Druck von maximal 1600 bar in die Brennkammern. Und das Motormanagement bedient sich moderner Elektronik. Zugrunde gelegt ist ein Baukastensystem, das einen Vierzylinder mit 4,25 Liter sowie einen Sechszylinder mit 6,4 Liter Hubraum hergibt. Für den Vario genügen vier Zylinder, seine Leistung reicht zunächst von 90 kW (122 PS) bis 100 kW (136 PS). Hinzu kommt der 2,9-Liter-Diesel mit Direkteinspritzung und Ladeluftkühlung (OM 602 LA) aus dem kleinen Bruder Sprinter. Der Fünfzylinder leistet 90 kW (122 PS).

Einen Beitrag zur aktiven Sicherheit leisten nun innenbelüftete Scheibenbremsen an allen vier Rädern. Serienstand ist eine hydraulische Zweikreisbremsanlage mit Unterdruckunterstützung, ab dem Vario 612 D steht als Sonderausstattung eine druckluftunterstützte hydraulische Bremsanlage zur Wahl. Eine Druckluft-Federspeicher-Bremse dient als Feststellbremse. Auf Wunsch wird ab Werk ein Retarder als Zusatzbremse montiert, ebenso gibt es eine Luftfederung an Vorder- und Hinterachse. Alle Modelle erhalten ein ausgefrischtes Interieur, von den Instrumenten über die Türverkleidungen bis zu den Sitzen. Der überarbeitete Großtransporter macht dem neuen Namen Vario alle Ehre. Er ist einer für alle, entsprechend definiert Mercedes-Benz 137 Konfigurationen.

Kurz nach der Vorstellung präsentiert Mercedes-Benz den Großtransporter erneut mit Allradantrieb (814 DA). Zur Serienausstattung zählt bei ihm neben der zuschaltbaren Längssperre nun auch die ebenfalls zuschaltbare Differenzialsperre an der Hinterachse. Im Unterschied zum Vario mit Hinterradantrieb sind an der Hinterachse des Vario 4x4 wie bisher Trommelbremsen installiert. Ebenso wie der T2 bewährt sich der Vario als Plattform für Omnibusse im Midiformat. Mercedes-Benz legt erneut ein eigenes Programm auf, Basis ist der Kastenwagen. Der zweckmäßige Standardbus mit vier Seitenfenstern und Heckflügeltüren eignet sich für Schülerbeförderung und Überlandlinien. Der feinere Reisebus ist an der getönten

Auch das ist Vario: hauseigener Minibus O 614 D im Jahr 2000, schick hergerichtet und mit Schwenktür versehen.

Aufgrund seiner hohen Nutzlast und Robustheit eignet sich der Vario ideal für Sonderaufbauten wie Feuerwehrwagen.

Der Vario wächst über sich hinaus: Als 818 D bedrängt er mit hoher Nutzlast und kräftigem Motor herkömmliche 7,5-Tonner.

Panoramaverglasung mit zwei großen Scheiben pro Seiten und einer Heckklappe mit Gepäckraum dahinter zu erkennen. Im Fahrgastraum bietet er eine Reisebestuhlung, Gepäckablagen, Leselampen und Düsenbelüftung. Trotz oder sogar wegen seines robusten Charakters findet der Vario auch bei den Herstellern luxuriöser Reisemobile zahlreiche Freunde: Tragfähigkeit und Handlichkeit überzeugen auch in diesem Segment.

Im Zuge seiner Karriere wird der Vario mehrfach weiterentwickelt. So erreicht er eine Spanne zwischen 4,8 und 8,2 Tonnen Gesamtgewicht. Ab 1998 erhalten alle Modelle serienmäßig ABS und die Leistung der stärksten Maschine steigt auf 112 kW (152 PS). Ebenfalls ist es Zeit für einen Vario mit Hybridantrieb. Sein Dieselmotor leistet 100 kW (136 PS) und wird durch einen Drehstrom-Asynchron-Elektromotor mit 55 kW Leistung unterstützt. Hinter dem Getriebe angeordnet, flößt er seine Leistung über einen Nebenantrieb in den unveränderten Antriebsstrang ein. Dieser Parallelhybrid erlaubt sowohl den reinen Diesel- oder Elektroantrieb als auch beides in Kombination. Die links und rechts am Rahmen befestigten Batterien wiegen 1,2 Tonnen. Im E-Betrieb beträgt die Höchstgeschwindigkeit 60 km/h, die Reichweite etwa 35 Kilometer.

1998 präsentiert Daimler-Benz auf der IAA mit der spektakulären Studie »Altra« (kurz für Aluminium-Transporter) einen Großtransporter der Zukunft. Die Idee einer Frontlenker-Karosserie erinnert dezent an den verflossenen L 319 D, die Umsetzung ist mit einem schnittigen Integralaufbau und zeitgemäßer Optik indes modern. Eine selbsttragende Karosserie mit Einzelradaufhängung rundum und Einzelbereifung auch hinten senkt den Fahrzeugboden und vergrößert das Raumangebot des 7,25 Meter langen Altra im Vergleich zum herkömmlichen Vario um rund zehn Prozent auf 19 Kubikmeter. Die Karosserie basiert auf Aluminium-Strangpressprofilen, einer Alu-Beplankung sowie Aluminium für Komponenten von Radaufhängung und den Rädern. Damit wächst die Nutzlast um 500 Kilogramm auf 4,3 Tonnen. Automatisch öffnende Türen auf der Beifahrerseite sowie im Heck erleichtern ebenso wie der niedrige Fahrzeugboden das Aussteigen mit Paketen in den Händen. Der Fahrer profitiert von einem luftigen Cockpit, einem breiten Durchgang in den Laderaum sowie von einer Rückfahrkamera und Ultraschall-Abstandswarnern. Die Entwickler des Altra haben ebenfalls eine Übertragung der Studie auf Minibusse und Reisemobile im Blick – doch es bleibt bei einem Einzelstück.

Ab Herbst 2000 entfällt der kompakte Fünfzylinder-Transportermotor, ihn löst eine Variante mit 85 kW (115 PS) des großen Vierzylinders ab. Der Vario dient nun ebenfalls als Basis für den Midibus Mercedes-Benz Medio. Er wird in Zusammenarbeit mit einem italienischen Karossier hergestellt. Der Medio hat ein zulässiges Gesamtgewicht bis 8,2 t, sein Aufbau besteht aus einem Stahlrohrrahmen mit einer Beplankung aus GfK. Zwei Jahre später staffelt sich das Leistungsangebot neu mit Motoren von 100 kW (136 PS), 110 kW (150 PS) und der neuen Spitzenmotorisierung mit 130 kW (177 PS). Das stärkste Aggregat ist serienmäßig mit einem Sechsgang-Schaltgetriebe verbunden, wahlweise mit einer Fünfgang-Automatik. Zur IAA Nutzfahrzeuge 2006 schließlich halten Dieselmotoren mit SCR-Technik zur Erfüllung der Abgasstufe Euro 4 Einzug. Die Motoren leis-

Und noch ein Vario der stämmigen Sorte: erneut ein 818 D, jetzt aber als Doppelkabine mit Kippaufbau.

Kein Geländewagen, aber genau richtig für Bau oder Energieversorger: Vario 814 D 4x4 mit Allradantrieb.

teten nun 95 kW (129 PS), 115 kW (156 PS) und 130 kW (177 PS). Alle Vario verfügen jetzt serienmäßig über ein Sechsgang-Schaltgetriebe, wahlweise über die Fünfgang-Wandlerautomatik. Neue Verkleidungen werten das Innere der Fahrerkabine auf. Türverkleidungen mit integrierter Ablage, geänderte Abdeckungen der Radläufe und die zweifarbige Armaturentafel werten das Cockpit ebenso auf wie neue Innenverkleidungen, Dachhimmel und Polsterstoffe. Auch das Allradmodell bremst nun mit Scheibenbremsen an der Hinterachse.

Danach kehrt Ruhe ein beim Vario. Er zieht weitgehend unangefochten seine Bahn, entwickelt sich dabei jedoch immer mehr zum knorrigen Senior. Wer ihn hat, der schätzt ihn, ob auf dem Bau oder in Kommunalfuhrparks, als Marktbeschicker, Rettungswagen oder Minibus, als Plattform für funktionelle Zustellfahrzeuge oder edle Reisemobile. Die Stückzahlen schrumpfen, der Außenseiter verwandelt sich in einen Exoten. So einmalig wie der Vario selbst ist vermutlich die Tatsache, dass er nun sieben Jahre ohne sichtbare Modellpflege auskommt. Es wird Herbst für die Laufbahn von T2/Vario. Den Garaus machen ihm schließlich die absehbar hohen Kosten unter anderem für die Abgasstufe Euro VI, auch die zunehmende Verengung durch die Führerscheinklassen spielt eine Rolle. Zuletzt rund 3000 Vario pro Jahr lohnen keinen Nachfolger, in seinen Hoch-Zeiten erreicht er die fünffache Zahl.

Ludwigsfelde im Herbst 2013. Die Marke mit dem Stern vermeldet einen traurigen Anlass: Der Mercedes-Großtransporter geht in Rente. In mehr als einem Vierteljahrhundert hat sich der knorrige Alte einen Ruf der Unverwüstlichkeit erarbeitet. Pustekuchen: Am 27. September 2013 fertigt das Werk den letzten Vario, 27 Jahre nach dem ersten Auftritt des T2 in Rom, nach 138 407 Großtransportern T2 aus Düsseldorf und Ludwigsfelde sowie 90 743 Vario aus Ludwigsfelde. Eine faszinierende Laufbahn. Dabei hatte Mercedes-Benz noch 2010 eine Euro-6-Ausführung angekündigt. Es hieß, der Alte solle den Dreiliter-Turbodiesel von Iveco bekommen. So mancher Kenner hat noch schnell zugegriffen und sich einen neuen Vario zurückgelegt, vielleicht für raue Zeiten. Mercedes-Benz jedenfalls musste im Endspurt den Vertrieb wegen übergroßer Nachfrage einstellen. Zufall oder nicht: Abnehmer des letzten Vario ist exakt der Betrieb in Ludwigsfelde vor der Werkstür, der 1996 das erste Fahrzeug übernommen hat. Einen unmittelbaren Nachfolger des Haudegens gibt es nicht, die fast 60 Jahre währende Ära der Großtransporter mit Stern hat ein Ende gefunden. Jahre später werden im Rahmen der beginnenden Elektrifizierung Umbauer einige Exemplare auf E-Antrieb umrüsten. Ansonsten fahren tausende Vario mit ihren Dieseln unverdrossen ihrer Rente entgegen.

Im Herbst 2013 endet die lange Karriere von Mercedes-Benz T2 und Vario. Letzter Bandablauf im Werk Ludwigsfelde.

1995: Vom Sprinter zum Dauerläufer – der Transporter, der einer ganzen Klasse seinen Namen gibt

Mitte der neunziger Jahre ist Mercedes-Benz hochaktiv. Ob Transporter oder Lkw, das Programm der Nutzfahrzeuge setzt sich aus Senioren zusammen, jetzt ist mit einer beispiellosen Kraftanstrengung eine komplette Runderneuerung fällig. Eine der wichtigsten Premieren ist Anfang 1995 der Mercedes-Benz Sprinter, intern T1 N genannt. Er folgt auf 18 Jahre »Bremer« Transporter. Und er ist der erste Transporter mit Stern, der einen Namen trägt. Kein Kürzel und keine etwas verkrampfte Bezeichnung nach dem Herstellerwerk. »Sprinter« also – zu Beginn seiner Laufbahn kann niemand ahnen, wie sehr dieser Transporter eine ganze Fahrzeugklasse prägen wird, die Sprinter-Klasse.

Der Sprinter tritt in große Fußstapfen. Der Bremer gilt als Musterbeispiel für Langlebigkeit, Solidität und Verlässlichkeit. Mit längs eingebautem Frontmotor und Antrieb auf die Hinterachse knüpft der Sprinter an das erfolgreiche Konzept an. Ebenfalls analog zu seinem Vorgänger gibt es den Sprinter am Beginn seiner Karriere mit vier Gesamtgewichten von 2,59 bis 4,6 Tonnen und in mehreren Längen von 4,97 bis 6,53 Metern. Zu haben ist er als Kastenwagen, Kombi, Fahrgestell, Pritschenwagen und Doppelkabine und dies alles jeweils in drei Radständen, die geschlossenen Varianten zusätzlich in zwei Dachhöhen. Der besondere Schwerpunkt des Sprinter liegt bei 3,5 Tonnen zulässiger Gesamtmasse, in den meisten europäischen Ländern und bald darauf auch in Deutschland eine wesentliche Grenze in puncto Führerschein und Verkehrsrecht.

Äußerlich tritt der Sprinter nach Art damals üblicher des Hauses dezent auf. Die angeschrägten Scheinwerfer mit integrierten Nebelleuchten entsprechen dem Zeitge-

Rundum neu, rundum erfolgreich: Mit dem Sprinter bricht für die Transporter von Mercedes-Benz eine völlig neue und erfolgreiche Ära an.

1995: Sprinter

Mit Doppelkabine und Kipper positioniert sich der Sprinter bei Handwerk, Bau und Kommunen.

schmack ebenso wie die weißen Blinkergläser. Zarte Falten und eine umlaufende Sicke im Blech verbinden den Bug harmonisch mit der Karosserie, die Gestalt wirkt gefällig und langlebig. Wichtiger als Design ist die Funktion, etwa mit handfesten Türgriffen, großen Außenspiegeln, gelungener Aerodynamik. Der Wendekreis bleibt klein, Vorteil Hinterradantrieb. Jedoch müssen sich Umsteiger an die steilere und deutlich längere Motorhaube gewöhnen. Ein lässliches Thema, da die Motoren weiter nach vorne gerückt und aus dem Fahrerhaus verschwunden sind. Das bereits in der Grundausführung leicht erhöhte Dach vergrößert hinten den Frachtraum und vorne die

Der vielseitige Sprinter entpuppt sich schnell als Alleskönner unter den Transportern der Klasse rund um 3,5 Tonnen, hier als stämmiger Kipper 308 D.

Kopffreiheit. Eine großzügige Armaturentafel mit übersichtlichen Instrumenten löst das antiquierte Bord des Vorgängers ab.

Die Konstrukteure haben sich eine Reihe Tricks ausgedacht. Die Fahrertür überlappt die Tankklappe und verriegelt sie damit gleichzeitig. Die Innenverkleidungen der Türen sind oben als Ablagen ausgebildet. Unten lagern Warndreieck und Verbandskasten in geschlossenen Fächern, das Werkzeug unter einem Bodendeckel im Beifahrer-Fußraum. Die Struktur des Bodens zeigt Richtung Türen, das unterstützt die Reinigung. Sicherheit fährt mit: Die Dreipunktgurte sind höhenverstellbar, die Gurtschlösser am Sitz befestigt. Scheibenbremsen rundum, ABS und ein automatisches Bremsdifferenzial gehören zum Standard. Es nutzt die ABS-Sensoren und bremst einseitig durchdrehende Räder ab.

Die sachliche Armaturentafel ist bedienungsfreundlich, der Schalthebel verleitet zu manchen Sprüchen.

Ein Reisemobil wie noch nie: Bad und Küche sowie der Kleiderschrank sind auf einem Doppelboden im Heck angesiedelt.

Zur Modellbezeichnung passt der Paradediesel, der OM 602 DELA, ein Turbodiesel-Direkteinspritzer mit 2,9 Liter Hubraum und fünf Zylindern. Er erreicht mit seiner Leistung von 90 kW (122 PS) und einem Drehmomentmaximum von 280 Newtonmetern ein neues Spitzenniveau für Transporter dieser Klasse. Verteiler-Einspritzpumpe, elektronische Regelung und Abgasrückführung sind typische Merkmale dieser Maschine.

Diesem Motor zur Seite steht der bewährte Vorkammer-Dieselmotor mit 58 kW (79 PS) aus 2,3 Liter Hubraum sowie ein Vierzylinder-Benziner mit ebenfalls 2,3 Liter Hubraum und 105 kW (143 PS). Die Kraftübertragung erfolgt jeweils über ein neu entwickeltes, Fünfgang-Schaltgetriebe auf die Hinterachse. Aus dem Boden das Fahrerhaus ragt ein mächtiger gekrümmter Schalthebel, über dessen Form schnell despektierliche Bemerkungen kreisen – »maskulin« ist davon noch die harmloseste. Alternativ zum Schaltgetriebe folgt nach kurzer Zeit

In jeder Hinsicht hervorstechendes Merkmal des neuen Westfalia James Cook ist seine Hochdach-Nase.

Sonderaufbauten wie hier einen Absetzkipper trägt der neue Sprinter ebenfalls gerne.

ein Wandler-Automatikgetriebe mit vier Schaltstufen.

Bis zu 160 km/h schnell fährt der neue Mercedes-Benz Transporter und macht damit nicht nur seinem Namen alle Ehre, sondern bringt zugleich die Reifenhersteller in Verlegenheit. Arg viele Pneus gibt es seinerzeit noch nicht, die den entsprechenden Speed-Index vorweisen können. Der Sprinter ist nicht nur schnell, er ist auch sicher: Das Fahrwerk verfügt vorn endlich über eine Einzelradaufhängung mit einer Querblattfeder, ein Vorteil auch für einen großen Fußraum. Hinzu kommt eine neue Zahnstangenlenkung. Somit fährt sich der neue Transporter komfortabler und sicherer denn je.

Ebenfalls schleppt er auch gewichtige Majestäten, zum Beispiel in dieser Ausführung den damaligen König von Tonga.

Der neue Sprinter profiliert sich ebenfalls als Minibus, etwa als tragfähiger 4,6-Tonner.

Davon profitieren neben den Nutzfahrzeugen auch Reisemobile. Im Mittelpunkt steht gleich zu Beginn der neuen Sprinter-Ära wie schon zuvor der Komfort-Campingbus James Cook mit Westfalia-Ausbau. Er ist nun als Vierzimmerwohnung eingerichtet: vorne eine Sitzgruppe unter Einschluss der gedrehten Fahrerhaussitze, in der Mitte auf einem Podest eine vergleichsweise üppige Winkelküche, dahinter quer im Heck ein überraschend großes Bad ein schließlich Kleiderschrank. Über der zum Bett umbaubaren Sitzgruppe entfaltet sich unter einem wuchtigen Hochdach ein Doppelbett. Mit Raffinessen wie einem großen Bodenstauraum im Heck, Tanks im Zwischenboden, Möbeln mit feinen Echtholzkanten und einer breiten Bank mit drei Sicherheitsgurten. Zuerst von anderen Ausbauern britisch beäugt, dient er ihnen bald als Vorbild. Auch zahlreiche andere Auf- und Ausbauer nutzen die Qualitäten des Sprinter. »Machen Sie Urlaub auf einem neuen Stern«, wirbt Mercedes-Benz.

Nur ein Jahr nach der Premiere des Sprinter wird dann Wirklichkeit, was gut 20 Jahre zuvor auf dem Weg zum

Bremer Transporter nicht geklappt hat, die Zusammenarbeit mit VW. Die neue Generation des VW LT basiert auf dem noch jungen Sprinter. VW fertigt seinen großen Transporter in Eigenregie und kann ihm daher problemlos eine eigene Nase, eigene Motoren und einige Verfeinerungen im Detail spendieren. Sichtbar sind zum Beispiel geklebte Heckscheiben bei Kasten/Kombi oder abgedeckte Schnittkanten an den seitlichen Fensterbrüstungen im Cockpit. Kleine Veredelungen, die der Sprinter später übernehmen wird, denn er ist trotz aller Qualitäten deutlich kostenoptimiert. Das Stichwort im Unternehmen dazu lautet »target pricing«.

Das Programm wächst derweil. Mit gleich zwei Varianten reagiert das Unternehmen erstmals auf Wünsche nach einem Transporter mit Allradantrieb in dieser Klasse. 1997 geht der Sprinter 4x4 mit einem elektrohydraulisch während der Fahrt zu- und abschaltbaren Allradantrieb an den Start. Der Wechsel zwischen 4x2 und 4x4 ist bis Tempo 20 km/h möglich. Bei zugeschaltetem Vorderachsantrieb verteilt sich das Drehmoment im Verhältnis 50:50 zwischen Vorder- und Hinterachse. Die Kraftübertragung übernimmt wahlweise ein mechanisches Fünfgang-Schaltgetriebe oder ein vollautomatisches Getriebe. Der Allradler verfügt ab 1999 zusätzlich über ein

Man erkennt ihn an der Höherlegung: Der Sprinter 4x4 ist der Transporter fürs Grobe.

Alternativantrieb gehört bei Mercedes-Benz dazu, die CNG-Gasflaschen aber nicht in den Laderaum.

Alu-Sprinter: Leichtbau-Werksstudie aus dem Jahr 2000 mit Schiebetür auf der Beifahrerseite für den Kurierdienst von morgen.

Verteilergetriebe mit einer zuschaltbaren Untersetzung von i = 1,4. 1998 präsentiert Mercedes-Benz alternativ den Sprinter 4x4 mit permanentem Allradantrieb. Ein Planeten-Ausgleichsgetriebe zwischen den Achsen verteilt die Kraft ein Drittel zu zwei Drittel zwischen Vorder- und Hinterachse. Beide Allradler stehen auf der IAA 1998. Dort zeigt das Unternehmen ebenfalls eine neue Ausführung des Turbodiesels mit geregeltem Turbolader und 85 kW (115) sowie als Option einen 100-Liter-Kraftstofftank. Erstmals im Angebot ist außerdem ein Navigationssystem.

Im Herbst 1998 legt der Konzern ebenfalls den Grundstein für ein langjähriges Engagement im Segment der Minibusse: Die Omnibustochter Evobus beteiligt sich mit zunächst 49 Prozent am Minibus-Spezialisten Koch in Mudersbach bei Siegen. Schritt für Schritt wächst daraus die Minibus GmbH mit Standort in Dortmund hervor. Sie wird sich in diesem Segment nach einigen Jahren klar auf Aus- und Aufbauten für den Sprinter konzentrieren und gegen harte Konkurrenz – meist ebenfalls auf Basis Sprinter – eine führende Position erarbeiten. Bis zum Verkauf des Betriebs Ende des Jahres 2021. Eine weitere Geschäftsidee ist die Übernahme von Reisemobilausbauer Westfalia in zwei Schritten 1999 und 2001. Ein Unterfangen, das auf Dauer nicht funktionieren kann, da Westfalia gleichzeitig für Ford (Nugget) und vor allem VW (California) arbeitet. Prompt verabschiedet sich VW beim nächsten Modellwechsel 2003 von seinem langjährigen Partner. Einige Jahre später scheitert eine geplante Verlagerung der Reisemobilfertigung ins Werk Düsseldorf. 2007 beendet Mercedes-Benz den Ausflug in die Reisemobilbranche, nutzt Westfalia jedoch weiterhin als Ausbaupartner.

Bei der Veranstaltung »Technologietage 1999 Papenburg« blickt der Konzern in die Zukunft des Transports und vergisst dabei auch nicht die Transporter. Die Entwickler fassen mit »Vanessa« Kurierfahrer ins Auge. Das Kürzel steht für »Van zum Einsatz im Stückgut-, Sammel- und Auslieferverkehr«. Im Unterschied zu diesem Bandwurmbegriff soll Vanessa die Arbeitsabläufe verkürzen: Auf Tastendruck im Cockpit öffnen sich wahlweise Hecktür, Schiebetür oder Beifahrertür des Sprinter. Nähert sich der Fahrer dem Sprinter von außen, öffnet sich dank einer Codekarte automatisch die nächst erreichbare Tür. Ein Telematiksystem sichert rationelle Einsätze.

Neue Dieselmotoren und ein moderneres Gesicht: Sprinter ab dem Jahr 2000.

Fünf Jahre und eine halbe Million Exemplare nach seiner Premiere im Jahr 2000 läuft der Sprinter erneut zu großer Form auf. Da wäre eine komplett neue Generation Dieselmotoren, genannt CDI, mit Common-Rail-Einspritzung. Ein Vierzylinder mit 2,15 Liter Hubraum deckt eine Leistungsspanne von 60 kW (82 PS) bis 95 kW (129 PS) ab. Darüber angesiedelt ist ein davon abgeleiteter Fünfzylinder mit 2,7 Litern und 115 kW (156 PS). Mit Ausnahme des schwächsten Triebwerks trumpfen die Diesel durch Abgasturbolader mit variabler Turbinengeometrie und Ladeluftkühlung auf. Als Zugabe gibt's abermals den Benziner mit 105 kW (143 PS) aus einem 2,3-Liter-Vierzylinder. Die Diesel liefert Mercedes-Benz alternativ zum manuellen Fünfgang-Schaltgetriebe mit einem automatisierten Sechsgang-Schaltgetriebe namens »Sprintshift«. Fahrer können zwischen einem automatischen und einem manuellen Modus wählen. Egal ob Sprintshift- oder Schaltgetriebe, der Gangwechsel läuft jetzt über einen praktischen Joystick unterhalb der Mittelkonsole. In der Ebene darüber haben die Entwickler die Armaturentafel völlig neu gestaltet. Bisher schnörkellos flach und kantig gehalten, bestimmen nun weiche und runde Formen das Bild. Zur Serienausstattung zählt jetzt ein Drehzahlmesser. Details wie Becher- und Stifthalter sowie eine Zettelklemme erleichtern den Alltag. Neue freundlichere Farben und im Kombi eine weiche Oberfläche der Armaturentafel schaffen eine angenehme Atmosphäre an Bord.

Die neue Generation des Sprinter ist an einem längeren Vorbau mit tiefer heruntergezogener Motorhaube zu erkennen, der Stern ragt in sie hinein. Die Scheinwerfer sind schlanker und weniger kantig, Freiflächen-Reflektoren leuchten die Fahrbahn besser aus. Der Stoßfänger

Ab dem Jahr 2000 kennzeichnen weiche Formen und ein Joystick-Schalthebel die Armaturentafel des Sprinter.

erhält zur einfacheren Reinigung der Frontscheibe zwei integrierte Auftritte. Die Kennzeichnung der CDI-Motoren trägt einen feurig-roten Schriftzug. Hinzu kommen kiemenförmige Schlitze zur Luftansaugung im Blech vor dem rechten Vorderrad.

Neue Sonderausstattungen senken den Verbrauch und erhöhen den Komfort: Start-Stopp-Anlage für den Motor, automatische Heizungsregulierung, temperaturgeregelte Klimaanlage, Motor-Restwärmeausnutzung nach dem Abstellen der Maschine. Modelle ohne Trennwand, das Reisemobil James Cook und Reisemobil-Fahrgestelle bringen serienmäßig einen Zuheizer mit. Serienmäßig ist nun ein Fahrer-Airbag an Bord, auf Wunsch ein Luftsack für den Beifahrer. Ab Jahresende schützen auf Wunsch zusätzlich Windowbags Fahrer und Beifahrer. Serienmäßig an Bord ist die Antriebsschlupfregelung ASR als Weiterentwicklung des automatischen Bremsdifferenzials. Allradler profitieren von einer serienmäßigen Differenzialsperre an der Hinterachse. Bemerkenswert: Partner VW verzichtet

Sicherheit geht vor: Assistenzsysteme halten Einzug, die Unfallzahlen der schnellen Transporter sinken.

beim Parallelmodell LT auf sichtbare äußere und innere Änderungen, auch auf automatisierte Getriebe und einen werksseitigen Allradantrieb – damit vergrößert sich der Abstand zwischen den zweieiigen Zwillingen.

Einen Blick in die Zukunft gibt Mercedes-Benz erneut auf der IAA 2000, jetzt mit der Studie Alu-Sprinter. Aluminium im Rohbau der Karosserie eines Kastenwagens und GfK für die Blattfedern der Vorder- und Hinterachse senken das Gewicht um rund 200 Kilogramm, mit entsprechend höherer Nutzlast. Eine steilere Windschutzscheibe ermöglicht eine Schiebetür auf der Beifahrerseite. Die eingebaute Türautomatik kennt man von den Technologietagen im Jahr zuvor. Im Blickpunkt sind wieder Kurierdienste.

Der Sprinter wächst: Im Jahr 2001 gesellt sich eine Ausführung mit sechs Tonnen zulässiger Gesamtmasse hinzu. Basis ist ein kräftiger Rahmen. Im Unterschied zu den 4,6-Tonnern mit einer Kröpfung im Bereich der Zwillingsbereifung läuft er hier kerzengerade nach hinten durch. Hinzu kommt eine von AAM (American Axle Manufactoring) zugekaufte zwillingsbereifte Hinterachse mit 16-Zoll-Rädern und hoher Tragfähigkeit. Der Sechstonner steht aufgrund der optisch eigenwilligen Breitspur-Hinterachse im Lkw-Format ausschließlich als Fahrgestell, Pritsche oder Kipper zur Verfügung sowie in den beiden längeren Radständen. Durchweg kommt die Spitzenmotorisierung zum Einsatz, der CDI mit 115 kW (156 PS) zusammen mit dem Fünfgang-Schaltgetriebe. Zum Hit wird der schwere Junge nicht, mag sein, dass dies auch an einem unharmonischen Fahrverhalten einschließlich der knallharten Federung der Hinterachse liegt. Ein zweites Modell passt besser: Mercedes-Benz erreicht mit maßgeschneiderten Branchenlösungen seines Bestsellers das Handwerk, Dienstleister und Kurierdienste. Die Fahrzeuge entstehen in enger Zusammenarbeit mit spezialisierten Auf- und Ausbauern.

Nicht weniger erfolgreich ist eine andere Ausweitung: Der Sprinter geht nach Amerika. Dort schlägt sich der hochmoderne Transporter prächtig gegen überwiegend veraltete Konkurrenz und erreicht zunächst unter der Lkw-Marke Freightiner, bald darauf als Dodge ansehnliche Stückzahlen. Dabei gilt es ein US-Hindernis zu umgehen, die »Chicken Tax«. Hintergrund: In den sechziger Jahren überschwemmten amerikanische Billighühner Europa. Sie wurden daraufhin mit einem Einfuhrzoll belegt. Die Amerikaner konterten, unter anderem mit einer 25prozentigen Abgabe auf die Einfuhr leichter Nutzfahrzeuge. Das drehte zum Beispiel dem seinerzeit höchst erfolgreichen VW Transporter in Nordamerika den Hals um. Der Sprinter umkurvt das Thema: Er wird im Werk Düsseldorf fertig produziert, im Anschluss baut Mercedes-Benz wesentliche Teile wie den Motor wieder aus, um sie dann in den USA erneut zu montieren. Mit diesem US-Anteil der Fertigung sinkt der Einfuhrzoll drastisch.

Saubere Angelegenheit: Sprinter mit Brennstoffzellenantrieb im Jahr 2001 für den Kurierdienst Hermes.

Ab dem Jahr 2002 gibt es für den Fünfzylinder-CDI auf Wunsch eine Fünfgang-Wandlerautomatik. Außerdem schmeckt das Unternehmen den Sprinter mit einem neuen gerahmten Kühlergrill und Klarglas-Scheinwerfer sowie geänderten Rückleuchten und weißen Seitenblinker für die geschlossenen Varianten nach nur zwei

Sprinter goes America: Ab 2001 fährt er unter der Flagge der amerikanischen Lkw-Schwestermarke Freightliner in der neuen Welt.

Markenwechsel: Ab dem Jahr 2003 rückt der Sprinter unter der Flagge von Dodge in Nordamerika näher an Pickups und und Pkw heran.

2001 wächst der Sprinter mit einer zugekauften Hinterachse und neuem Rahmen zu einem wuchtigen Sechstonner.

Jahren optisch neu ab. Auf Wunsch gibt es eine beheizte Windschutzscheibe und einen Regensensor für den Scheibenwischer. Viel wichtiger: Kasten und Kombi bis 3,5 Tonnen zulässiger Gesamtmasse sind mit der elektronischen Stabilitätsregelung ESP zu bekommen. Ab Jahresanfang 2003 ist ESP in definierten Ländern – darunter Deutschland – sogar serienmäßig. Hintergrund der Sicherheitsoffensive sind stark steigende Unfallzahlen dieses Fahrzeugsegments sowie ein damit einhergehendes miserables Image – der Sprinter macht seinem Namen nicht nur Ehre. ESP wird in den kommenden Jahren auf weitere Varianten ausgedehnt, auch verständigen sich die Hersteller im Segment der 3,5-Tonner auf eine freiwillige Begrenzung der Höchstgeschwindigkeit von 160 km/h. Zusammen mit dem Angebot von Fahrsicherheitstrainings wird daraus ein Gesamtpaket, dass die Unfallzahlen deutlich reduziert.

Der Sprinter ist auch ein Renner in seinen Produktionszahlen: Im Herbst 2003 ist nach acht Jahren die erste Stückzahlmillion voll – der durchaus erfolgreiche Vorgänger war in 18 Jahren knapp daruntergeblieben.

Das Thema Sicherheit verfolgen die Entwickler weiterhin intensiv.

Auf der IAA 2004 zeigt sich die Studie »Innovationsträger Sicherheit« auf Sprinter-Basis. Tiefsichtfenster, Bi-Xenon-Scheinwerfer mit Kurven-, Abbiege-, Schlechtwetter- und Tagfahrlicht, dazu Ultraschallsensoren und 360-Grad-Kamera als Rangier- und Parkhilfe, ein ESP mit Beladungserkennung, Spurwechsel-Assistent, Abstandsregeltempomat, Reifendruck-Kontrollanzeige, eine soge-

Innovationsträger Sicherheit: Sprinter-Studie des Jahres 2004 mit künftigen Assistenzsystemen.

Im Jahr 2002 ändert sich das Gesicht abermals, zwei Jahre später folgt ein Hybridantrieb.

nannte Überlagerungslenkung mit variabler Unterstützung und Wirksamkeit gegen Seitenwindeinflüsse, eine leichte und stabile Sandwich-Trennwand zwischen Fahrerhaus und Laderaum, Ladungssicherungssysteme – die Aufzählung ist lang.

Ein Jahr später präsentiert das Unternehmen anlässlich der zweiten Auflage der Technologietage auf dem Testgelände in Papenburg alle diese Features und zusätzlich die Idee einer starren Hinterachse mit Längslenkern und modularer Federung – Schraubenfedern für gewerbliche, Luftfedern für komfortorientierte Einsätze. Viele Details der großen Liste – aber nicht die Achse – werden schon bald Wirklichkeit. Denn im Hintergrund wächst bereits das Nachfolgemodell des Sprinter heran.

Der Transporter entwickelt sich im Laufe seiner Karriere nicht zum Sicherheits-, sondern ebenfalls zum Umweltexperten – der Sprinter wird zum Versuchsträger zahlreicher neuer Antriebe. Bereits ein Jahr nach der Vorstellung des neuen Transporters zeigt Mercedes-Benz den Sprinter 308 E mit Elektroantrieb. Sein wassergekühlter Asynchronmotor mit 40 kW Leistung bezieht Energie aus wartungsfreien Blei-Gel-Batterien. Die Nennenergie von 29 kWh reicht für eine etwa 65 bis 80 Kilometer lange Fahrstrecke. Sprinter NGT (Natural Gas Technology) heißt ab 1997 die Erdgas-Ausführung des Transporters. Er fährt mit monovalentem Antrieb besonders schadstoffarm. Der Motor auf Basis des bekannten Benziners leistet 93 kW (125 PS). Das maximale Drehmoment von 182 Nm ist indes für einen großen Transporter eher matt. Je nach Konfiguration sind 130 bis 210 Liter Erdgas an Bord. Der Treibstoff lagert, aus späterer Sicht fast bizarr, in Gasflaschen in einem Gestell vorne im Laderaum gegenüber der Schiebetür.

Fünf Jahre später wird Flüssiggas – auch Autogas oder LPG genannt – der Kraftstoff für zehn Sprinter, die

Mercedes-Benz im Rahmen einer Langzeitstudie ab dem Jahr 2002 in Dortmund erprobt und später als Alternative zum Erdgasantrieb NGT liefert. Dank eines bivalenten Antriebs können diese Fahrzeuge alternativ mit Flüssiggas oder mit Benzin betrieben werden. Im Jahr 2001 übernimmt der Kurierdienst Hermes einen Sprinter mit Brennstoffzellenantrieb. Sein E-Motor leistet 55 kW, die Kraftübertragung übernimmt ein Sprintshift-Getriebe, die Höchstgeschwindigkeit beläuft sich auf 120 km/h, die Reichweite auf 150 Kilometer. »Die Brennstoffzelle – Antrieb für die Zukunft« ist eine Broschüre zum Thema überschrieben. Ab 2003 setzt UPS drei weitere Brennstoffzellen-Sprinter ein, einen in Deutschland, zwei in den USA.

2004 schließlich hat der Sprinter mit Hybridantrieb Premiere. Auf der IAA steht eine Variante als Plug-in-Hybrid. Basis ist ein 311 CDI mit Automatikgetriebe. Neben dem Dieselaggregat besitzt er zwischen Getriebe und Kupplung einen Elektromotor mit 70 kW Leistung und eine Nickel-Metallhydridbatterie mit einer Kapazität von 14 kWh. Daraus resultiert eine Reichweite im umweltschonenden E-Betrieb von bis zu 30 Kilometern. Das E-Paket bringt ein Zusatzgewicht von rund 350 Kilogramm mit. Bei Verwendung künftiger Lithium-Ionen-Batterien nennt Mercedes-Benz ein Mehrgewicht von lediglich 160 Kilo. In Planung ist außerdem ein Vollhybrid ohne Ladesteckdose. Sein E-Motor von 30 kW wird von einer Batterie mit 3 kWh Kapazität gespeist. Das ergibt eine elektrische Reichweite von drei bis vier Kilometern und ein Mehrgewicht von lediglich 100 Kilo.

Alle diese Projekte haben nur ein kurzes Leben. Im Unterschied zur ersten Generation des Sprinter, die auch eine internationale Karriere einschlägt. In Argentinien läuft er von 1996 bis 2012 mit rund 270 000 Einheiten vom Band. Ebenso von 2013 bis 2018 als Sprinter Classic mit eher überschaubaren Stückzahlen in Russland in einer Kooperation mit dem Hersteller GAZ in Nischni Nowgorod. Hinzu kommen eine CKD-Montage in Vietnam. Und dank des ägyptischen Partners Manufacturing Commercial Vehicles (MCV) entfaltet sich das Erfolgsmodell auch als Afrikaner. Auch in dieser Hinsicht entwickelt sich der Sprinter im Laufe der Jahre bis zum Ende seiner erfolgreichen Karriere zum Mannschaftssportler.

Ob Erdgas (Foto) oder Flüssiggas und E-Antriebe - nichts bleibt beim ersten Sprinter unversucht - die Käufer aber wählen den Diesel.

Das zweite Leben des ersten Sprinter: Sprinter Classic aus russischer Fertigung von 2013 bis 2018.

1995: Vito und V-Klasse der ersten Generation – die ersten echten Mercedes-Benz mit Vorderradantrieb

Herbst 1995: »Das ist der erste echte Mercedes-Benz mit Frontantrieb«, stellt Volker Heuer fest. Der damalige Transporter-Chefentwickler hat zu dieser Zeit gut zu tun: Anfang des Jahres ist der neue Sprinter vom Stapel gelaufen, jetzt folgt dessen kleiner Bruder, der Vito. Recht hat er ebenfalls: Egal ob Personenwagen oder Nutzfahrzeug, noch nie hatte Mercedes-Benz ein Fahrzeug mit angetriebenen Vorderrädern entwickelt. Zwar gibt es mit dem MB 100 D einen Vorläufer des Vito. Der aber ist mit Motor im Fahrerhaus und Rundrohrrahmen nichts anderes als Erbe von DKW. Ähnliches gilt für den »Harburger-Transporter« der siebziger Jahre – ein direkter Nachkomme von Hanomag und der Vorläufermarke Tempo.

Von DKW stammt ursprünglich auch das Werk des Vito im spanischen Baskenland. Dort läuft bisher der MB 100 D vom Band und nun der Vito. Vom Vorgänger hat der Vito keine Schraube übernommen. Die Historie spielte keine Rolle, wohl aber die Gegenwart. Diese heißt bei dem Kompakt-Transportern mit rund einer Tonne Nutzlast bisher unangefochten VW Transporter. Auf ihn hat es der Vito vor allem abgesehen. Auch die nahe Zukunft spielt bei der Premiere eine Rolle. Sie trägt zu diesem Zeitpunkt noch die Bezeichnung Viano: Mit identischer Karosserie soll diese feine Variante des Vito ab dem kommenden Herbst den Kampf um die Krone der Vans aufnehmen. Von »V-Klasse« ist noch nicht die Rede, bleiben wir also zunächst bei der Urbezeichnung. Vito wie Viano profitieren beide von diesem Spagat. So soll der Viano im Vergleich zu anderen Vans viel Platz dank der üppigen Vito-Maße bieten. Der Vito wiederum erhält Pfiff durch Styling-Elemente eines

Gute Laune im Familienvan: Mit der V-Klasse halten moderne Zeiten im Segment der feinen Varianten der Kompakt-Transporter mit Stern ein.

1995: Vito und V-Klasse

Diese verführerisch wirkende Skizze des Jahres 1992 ist schon sehr nahe dran an der Realität der rundum neuen V-Klasse.

Vans und gewinnt in Sachen Fahrkomfort und Sicherheit. Wer zuerst da war, das erinnert an die Frage nach Henne oder Ei, man weiß es nicht so recht.

Die Optik des keilförmigen Vito wirkt zeitlos modern. Vergleichsweise flach und breitspurig kommt er daher, das wirkt dynamisch. Die schräge Unterkante der Fahrerhaus-Seitenfenster, die verdeckte Führung der Schiebetür sowie eine markante Seitenfalte – Mercedes-Benz spricht von einem »Zischer« – unterscheiden den Vito von den schlicht-funktionalen Transportern jener Jahre. Also zischt der Vito frech dahin. Damit er nicht übermütig gegen ein Hindernis zischt, spendiert Mercedes-Benz serienmäßig Scheibenbremsen rundum sowie ABS in Kombination mit der Traktionshilfe ABD, dem automatischen Bremsdifferenzial. Für den Fall der Fälle gibt es ein Bündel von Sicherheitsausstattungen: Fahrerairbag und höhenverstellbare Sicherheitsgurte vorn sowie integrierte Gurte in den aufwendigen Einzelsitzen des Kombis im Fond sollen die Insassen schützen. Dies verdankt der Vito dem Viano, der Pkw-Ansprüchen genügen muss.

Eine sogenannte Sitzkiste spiegelt 1993 die Platzverhältnisse des künftigen Vito Kombi wider.

Dynamische Keilform, Gesicht nahe dran am größeren Sprinter: neuer Vito im Jahr 1995.

Das gilt ebenso für Fahrwerk und Fahrkomfort. Die Einzelradaufhängung mit McPherson-Federbeinen vorn und Schräglenkern mit Schraubenfedern hinten sind Garant für ein vorzügliches Fahrverhalten. Ist besonderer Komfort für Mensch oder Material gewünscht, offeriert Mercedes-Benz eine Luftfederung für die Hinterachse. Der Viano soll sie serienmäßig erhalten. Der Laderaum des Vito entspricht knapp seinem Hauptwettbewerber. Aufgrund eines niedrigeren Bodens verzichtet Mercedes-Benz sowohl im Einstieg vorn als auch an der Schiebetür auf eine Trittstufe. Steile Seitenwände gefallen Ausbauern – ob Reisemobilmöbel oder Werkzeugregale, passt. Zur Ausstattung gehören Heckklappe sowie Schiebetür rechts, auf Wunsch auch links. Damit nähern sich die Wahlmöglichkeiten der Karosserie schon dem Ende. Langer Radstand, Hochdach, Heckflügeltüren, Fahrgestell mit Fahrerhaus – alles Fehlanzeige. Außer Kastenwagen und Kombi gibt es keine Variationen. Auch an eine Auflastung über 2,6 Tonnen hinaus ist nicht gedacht. 4,66 Meter Länge, 1,87 Meter Breite, 1,89 Meter Höhe – das war's. Der Vito ist ein Solitärkonzept in einem klar umrissenen Segment, heißt es. Dieter Zetsche, damals Vertriebsvorstand von Mercedes Benz, erläutert, dass der neue Vito 85 Prozent dieses Segments abdeckt. Und das genüge. Er sollte sich irren: Heckflügeltüren werden mühsam nachträglich entwickelt – und somit keine schö-

Vito Kombi: fein integrierte Führung der Schiebetür, zunächst Verzicht auf Heckflügeltüren.

Der Schaltknauf ist geschickt in die Mittelkonsole des Cockpits integriert.

ne Lösung. Das ebenfalls gewünschte Hochdach aber passt nicht in die Fabrik.

Etwas mehr Wahlmöglichkeiten erhalten Vito-Käufer an anderer Stelle. So können sie aus drei vorn quer eingebauten Motoren aussuchen. Da wäre der etwas zähe Vito 108 D mit 2,3 Liter Hubraum und 58 kW (79 PS) und der viel lebendigere Vito 110 D als aufgeladene Ausführung mit 72 kW (98 PS). Sein maximales Drehmoment von 230 Nm gilt seinerzeit als bullig. Im Transporterbereich eher exotisch ist der Zweiliter-Benziner (95 kW/130 PS). Ein Turbodiesel-Direkteinspritzer lässt dagegen auf sich warten. Entwickler verraten indes, dass dies die nächste Stufe sein wird.

Die Kraftübertragung übernimmt ein Fünfganggetriebe mit einem Schaltknauf in der großflächigen Mittelkonsole, zu dieser Zeit noch ungewöhnlich. Gegen Aufpreis steht für Turbodiesel und Benziner ein vierstufiges Wandler-Automatikgetriebe mit drei Programmen zur Verfügung. Es stammt mangels eigener Aggregate für den Einbau vorn quer von ZF. Die Anordnung des Schalthebels spart Platz für den Durchgang im Cockpit. Auch der Handbremshe-

Die V-Klasse bietet einen sehr variablen Innenraum, Mittelsitze gegen die Fahrtrichtung umsteckbar.

Kurze Nase dank Quermotor, optische Unterscheidung zum Vito, gepfeilte Karosserie: die neue V-Klasse 1996.

Kein Reisemobil: Unter dem Hochdach verbirgt sich die zweite Generation der Brennstoffzelle.

Unter Strom: Der batterieelektrische Vito 108 E im Jahr 1996 ist seiner Zeit voraus.

bel steht nicht mehr im Wege: Nach Art der Personenwagen betätigt der Fahrer die Feststellbremse per Fußpedal, das verlangt indes aufgrund der raumgreifenden McPherson-Federbeine eine gewisse Gelenkigkeit. Typisch für Mercedes-Benz sind die weite Längsverstellung und eine zweifache Höhenverstellung des Fahrersitzes. Die Bedienungselemente übernimmt der Vito zum Teil von seinem großen Bruder namens Sprinter. Klar gezeichnete Armaturen und große tief angebrachte Außenspiegel stehen auf der Habenseite. Zu den weniger angenehmeren Seiten des Vito zählt der antriebsbedingte große Wendekreis von 12,4 Metern. Anderes wird sich erst später herausstellen: Verarbeitung und Zuverlässigkeit erreichen nicht das gewohnte Niveau des Sterns. Rasch ist der Ruf heftig angekratzt, es wird viele Jahre dauern, bis sich der Vito und vor allem sein Pkw-Kollege davon erholen. Darüber geht sogar ein Name verloren, der erst später erneut verliehen wird.

Aber der Reihe nach, zunächst kündigt Mercedes-Benz

Der Kompakt-Campingbus Mercedes-Benz Marco Polo stammt von Westfalia und basiert auf dem Vito.

seinen zweiten Spross bereits Ende November 1995 für den nächsten Herbst an. Der frühe Zeitpunkt ist kein Problem, denn erstens pfeifen es die Spatzen ohnehin von den Dächern und zweitens ersetzt der Neue kein vorheriges Modell: »Viano – die V-Klasse von Mercedes-Benz.« Und dies sind ihre Eigenschaften: »Mit diesem vielseitigen Großraum-Personenwagen wird sich Mercedes-Benz ab Herbst 1996 in einem neuen, wachstumsstarken Marktsegment etablieren und hinsichtlich Variabilität, Raumangebot und Sicherheit in dieser Klasse neue Akzente setzen. Die V-Klasse bietet bis zu sieben Erwachsenen und ihrem Gepäck Platz, die es sich auf komfortablen Einzelsitzen bequem machen können. Im Fond lassen sich die Sitze nach individuellen Wünschen positionieren – oder herausnehmen.« Drei Ausstattungslinien decken die Spanne vom Familien- oder Frei-

Interieur des Marco Polo mit frechen Farben und platzsparenden Rollos vor Kleiderschrank und und Küchenzeile.

F wie Freizeit: Der Vito F verbindet ab 1998 Alltag und Freizeit miteinander.

Der Vito F greift auf bewährte Konzepte zurück: im Erdgeschoss Klappsitzbank und Tischanlage, im Oberstübchen ein Aufstelldach.

zeitmobil bis zum Business-Van mit Lederausstattung ab. Den eher lahmen Saugdiesel lässt Mercedes-Benz gleich weg, kündigt Turbodiesel und Benziner mit jeweils 2,3 Liter Hubraum an. Und für 1997 einen Sechszylinder-Benziner mit 2,8 Liter Hubraum. Er stammt ausgerechnet vom Erzrivalen VW und bringt es auf 128 kW (174 PS). Wegen seiner schlanken Bauweise mit sehr engem Zylinderwinkel von nur 15 Grad ist die Maschine auch als VR6 bekannt. Zur mächtigen Kraft gesellt sich allerdings auch Trinkfestigkeit.

Zunächst aber setzt Mercedes-Benz den Vito unter Strom, und dies gleich zweifach. Zebra-Batterien (Natrium-Nickelchlorid) speichern den Strom im Vito 108 E. Der Akku wiegt gut 400 Kilogramm und ist auf eine nicht gerade üppige Lebensdauer von »mindestens 800 Ladezyklen« ausgelegt. Der E-Motor leistet 40 kW. Mit dieser Kombination schafft der Vito 108 E 120 Sachen und fährt bis zu 170 Kilometer weit.

Zweites und sehr spektakuläres E-Projekt ist der Necar 2, vorgestellt im Mai 1996 auf Basis der künftigen V-Klasse. Beim Vorläufer Necar 1 auf Basis MB 100 nahm die Technik den kompletten Laderaum ein. Hier geht es nun einen großen Schritt nach vorn: Zwei Wasserstofftanks mit je 140 Liter oder drei Kilogramm Inhalt liegen unter einem die Karosserielinie betonenden Hochdach. Unter

1999 halten moderne CDI-Dieselmotoren Einzug, erkennbar am roten Typenschild.

Heckflügeltüren - im Handwerk unentbehrlich - konnte Mercedes-Benz beim Vito erst ab 1998 mühsam nachlegen.

der kurzen Fronthaube sind zwei Brennstoffzellenstacks mit einer Gesamtleistung von 50 kW positioniert. Außerdem ein E-Motor mit 45 kW Leistung. Das Gewicht des Brennstoffzellensystems beläuft sich auf 270 Kilogramm, nur rund ein Drittel so schwer wie beim Vorgänger. Mercedes-Benz nennt gut 250 Kilometer Reichweite und eine Höchstgeschwindigkeit von 110 km/h.

Auf einem ganz anderen Feld attackiert Mercedes-Benz mit dem Vito den Wettbewerber VW als Freizeitpartner. Im Sommer 1996 feiert der Vito Marco Polo Premiere, ein Kompakt-Campingbus mit Aufstelldach. Schrank- und Küchenzeile linkerhand mit praktischen Rollos, eine verschiebbare Klappsitzbank für zwei Personen mit Bettverlängerung, graue Möbel mit munteren gelben Deckeln auf der Küchenzeile – hat was. Und ärgert VW mächtig, denn der Ausbau des Campingbusses, gefertigt von Westfalia, liegt nahe dran am California, der traditionell von Westfalia stammt. An der personellen und geschäftlichen Verflechtung von Westfalia und Daimler – die damalige Daimler-Chrysler AG übernimmt Westfalia wenige Jahre darauf – wird später die enge jahrzehntelange Verbindung von VW und Westfalia zerbrechen.

Und dann tritt sie im Herbst 1996 an, die erste Generation der V-Klasse als Fusion von Transporter und Pkw. Der Begriff V-Klasse soll die Zugehörigkeit des neuen Autos zu den feinen Personenwagen mit Stern unterstreichen und Distanz zum Vito und seinem nutzfahrzeugigen Umfeld schaffen. Trend heißt das zurückhaltende Basismodell, Fashion die Variante für jene, die mehr wollen. Ambiente schließlich ist der Edelmann im Programm. Fein ausgestattet und technisch durch eine luftgefederte Hinterachse aufgewertet, will die V-Klasse auch Pkw-Fahrer locken, denen ein herkömmlicher Kombi nicht geräumig genug erscheint. Dieses jedoch gelingt der V-Klasse nur eingeschränkt. Sehr eng verwandt mit dem Nutzfahrzeug Vito, erfüllt sie eher bedingt die Wünsche anspruchsvoller Pkw-Käufer und kann die ihr zugedachte Rolle nur begrenzt übernehmen. Anders der Vito, der in wichtigen Märkten als Maßstab seiner Klasse gilt und Mercedes-Benz den Markt leichter Transporter erschließt.

Die Nachfrage ist insgesamt aber immerhin so groß, dass das Werk Vitoria ab Frühjahr 1997 in drei Schichten arbeitet und voll ausgelastet ist. Im Spitzenjahr 2000 erreichen Vito und V-Klasse eine Jahresfertigung von knapp 90.000 Exemplaren. Dazu verhilft dem Vito eine Ausweitung des Programms über das Angebot funktioneller Kastenwagen und Kombis hinaus. Da wäre der Vito L, ein gut ausgestatteter Kombi für gehobene Ansprüche. Oder der Vito F als attraktives Freizeitfahrzeug mit verschiebbarer Klappsitzbank und Tisch – ein Pendant zum VW Multivan. Auch sein Ausbau stammt von Westfalia.

1998 legt Mercedes-Benz endlich den Vito mit Heckflügeltüren auf, nun kann auch der Gabelstapler zum Be- und Entladen heranfahren, auch kommen sich beladene Dachträger von Handwerkern und die geöffnete Heckklappe nicht mehr in die Quere.

Zusätzlichen Schub im Wortsinn verleiht dem Vito eine gründliche Aufwertung im Jahr 1999. Jetzt halten hochmoderne CDI-Dieselmotoren Einzug. Der 2,15 Liter große Vierzylinder steht in drei Leistungsklassen von 60 kW (82 PS) über 75 kW (102 PS) bis 90 kW (122 PS) parat. Direkteinspritzung mit Common-Rail-Technik, zwei obenliegende Nockenwellen, vier Ventile pro Zylinder, durchweg Aufladung per Turbolader, elektronische Motorregelung – die drei feurig roten Buchstaben CDI auf dem Typenschild stehen für modernste Motorentechnik. Beim Getriebe hat sich ebenfalls einiges getan. Ein neu konstruiertes Schaltgetriebe des bisherigen Lieferanten Getrag verkraftet die hohen Drehmomente der starken Turbomotoren. Da Direkteinspritzer haushälterisch mit dem Kraftstoff umgehen, geben sie auch wenig Wärme an die Heizung ab. Ein serienmäßiger Zuheizer überspielt diese Schwäche in allen CDI-Modellen. Neu gestaltete Instrumente sowie Feinschliff an Sitzen und Schaltung runden die Überarbeitung des Vito ab und machen ihn fit für seine zweite Lebenshälfte.

Sie endet 2003 mit dem Wechsel zur komplett neu entwickelten nächsten Generation. Der Vito behält dabei seinen Namen, die V-Klasse muss ihren Pkw-Ehrentitel abgeben und wird degradiert. Das Nachfolgemodell heißt Viano – wie einst schon geplant.

Immer noch ein schmuckes Erscheinungsbild, doch schon 2003 war Schluss mit der ersten Generation von Vito und V-Klasse.

2001: Mercedes Benz Vaneo – der erste Anlauf zu einem Lieferwagen geht in die Irre

Der rustikale »Größttransporter« Vario an der Nahtstelle zu Lkw, der Großtransporter Sprinter, der Kompakttransporter Vito und sein Pendant V-Klasse für das private Publikum – fehlt bei Mercedes-Benz um die Jahrtausendwende noch etwas im Transporterprogramm? Aber sicher, ein Lieferwagen, angesiedelt zwischen Nutzfahrzeug und Pkw. Wie das funktioniert, haben seit Mitte der neunziger Jahre französische Fabrikate gezeigt: Erst die Zwillinge Citroen Berlingo und Peugeot Partner, unmittelbar darauf der Renault Kangoo. Mit einem modernen Design aus einem Guss lassen sie die bisherigen Rucksack-Lieferwagen mit Kleinwagen-Fahrerhaus und Kistenaufbau vergessen, als deren letzter Vertreter zur gleichen Zeit der VW Caddy an den Start geht, ein Abkömmling des Seat Inca.

Die neue Generation besteht aus gleichermaßen geräumigen wie kompakten, robusten und günstigen Autos für Handwerker, Hausmeister und Haushalte. Seitlich eine Schiebetür oder auch zwei, geräumiges Heck für allerhand Werkstattausbauten oder im privaten Einsatz für Kinderwagen, Fahrräder und den Einkauf im Möbel-Mitnahmemarkt. Die Lieferwagen werden daher auch als Hochdach-Kombis bezeichnet. Aber funktioniert dies als Mercedes-Benz?

Lieferwagen haben im Unternehmen immerhin eine gewisse Tradition: Der Benz Lieferungswagen von 1896 gilt als Urvater aller Transporter, der 170 D war 1946 das erste wiederaufgelegte Nachkriegsmodell von Mercedes-Benz. Danach gab's eine jahrzehntelange Pause, schon der Kombi namens T-Modell (entschlüsselt als T wie Touristik und Transport) auf Basis der gehobenen Baureihe W 123 Ende der siebziger Jahre galt im Unternehmen als Wagnis.

Mikrovan, Freizeitmobil, Familienkutsche? Der Vaneo soll für Mercedes-Benz das Segment unterhalb klassischer Transporterformate erschließen.

2001: Vaneo

Appetitlich: Mit einerm Rendering macht Mercedes-Benz bereits 1999 auf den Vaneo neugierig.

Vielseitigkeit angedeutet: Klappsitz in der Mitte, großer Rechner hinten im Laderaum.

Jetzt soll diese Tradition in die Moderne übergeführt werden. »Den gibt's in gut zwei Jahren«, erklärt Rolf Bartke 1999, der damalige Transporterchef von Mercedes-Benz zeigt Vaterstolz. Gemeint ist ein kleiner Mercedes-Benz mit dem internen Kürzel NCV1, bekannt auch unter dem Arbeitstitel »Compact Van««. Das Motto ist klar: »Wir wollen ein großes Raumvolumen mit einem Pkw verbinden«, so Bartke. Als Basis dient die A-Klasse, auch wenn sich Mercedes-Benz mit Händen und Füßen dagegen wehrt, der Compact Van sei ein Lieferwagen der A-Klasse, also ein Ableger des Mercedes-Minis. Jedoch: Das Gesicht stammt ebenso von der A-Klasse wie der komplette Antriebstrang mit Motor, Getriebe und Frontantrieb. Das Sandwichkonzept des Bodens mit tief unten angebrachten Aggregaten, das Fahrwerk, die Spurweite, das Cockpit einschließlich Sitzanlage vorn – alles A-Klasse.

Der Unterschied besteht in erster Linie aus dem Aufbau und dem erheblich verlängerten Radstand. Die Mercedes-Konstrukteure streckten ihren Kleinen deutlich. Um 60 Zentimeter wuchs er in die Länge, der Radstand kletterte um einen halben Meter, die Höhe um rund 25 Zentimeter. Mit 4,19 Meter Länge, 1,74 Meter Breite und 1,83 Meter Höhe ist der Compact Van damit ein gutes Stück unterhalb von Vito und V-Klasse angesiedelt. Innen jedoch ist der Kleine trotzdem ganz schön groß: »Der kurze Vorbau führt zu einem interessanten Volumen«, so Bartke. Drei Kubikmeter Laderaum sind sehr ansehnlich – etwas mehr als bei herkömmlichen Lieferwagen, etwas weniger als bei leergeräumten Großraumlimousinen.

Und weiter geht's: »Mit dem neuen Mercedes-Benz Vaneo wollen wir das Segment bis zu zwei Tonnen erobern. Der neue Compact Van setzt mit seiner Variabilität bis zu fünf Sitzen oder einem Ladevolumen von rund drei Kubikmetern neue Maßstäbe in der Compact-Van-Klasse. Die Markteinführung ist für Ende 2001 geplant«, kündigt Bartke im Februar des Jahres 2000 an.

Es sind Zeiten des Umbruchs: Der Konzern hat sich nach einer Übernahme zeitweilig in Daimler-Chrysler umbenannt. Seit Ende 1999 trägt der Geschäftsbereich Mercedes-Benz Transporter die globale Verantwortung für die Marke und ihre Produkte. Angesiedelt im Geschäftsfeld Nutzfahrzeuge, sind die Vans damit sozusagen eine Marke in der Marke.

Geplant ist der Vaneo unverändert sowohl als Kastenwagen wie als Minivan. Doch kurz vor dem Start im Herbst 2001 wird die Nutzfahrzeugvariante gestrichen.

Mit Bildern von Tests der Prototypen macht Mercedes-Benz frühzeitig auf den Vaneo aufmerksam. Wintertest im Jahr 2000.

Und so startet der Vaneo in sein kurzes Leben: Die keilförmige Karosserie ist attraktiv, doch mit günstigen Wettbewerbern kann er nicht mithalten.

Offensichtlich ist das Modell als Solitär im Programm schlicht zu teuer geraten und somit chancenlos in diesem preissensiblen Segment. Der keilförmige Vaneo sieht

Gepflegtes Erscheinungsbild, sichtbar an Details wie der verdeckten Schiebetürführung.

unverändert aus wie eine XL-Ausgabe der noch jungen A-Klasse, seine Schöpfer sprechen von einem Monospace-Design. Die aus heutiger Sicht winzige Ur-A-Klasse gibt es in zwei Radständen, der Vaneo ist mit 4,19 Metern nochmals rund 40 Zentimeter größer als die Langversion, mit 1,83 Meter Höhe ebenfalls 20 Zentimeter üppiger gewachsen. Der lange Radstand von 2,9 Metern verspricht einen großen Innenraum. Klassenüblich führen Schiebetüren in den Fond, gibt es im Heck wahlweise eine Heckklappe oder asymmetrische Flügeltüren, ein Überbleibsel der Nutzfahrzeugvariante. Große senkrechte Heckleuchten klammern die Öffnung ein.

Mercedes-Benz will auf der Suche nach Stückzahlen unverdrossen auch Gewerbetreibende mitnehmen. Das Ziel: »Mit dem Vaneo definieren wir eine neue Fahrzeugkategorie, den Compact Van im Premium-Format.« Mit feinem »C« geschrieben. Und: »Der Vaneo besitzt extrem hohen Nutzwert für ganz unterschiedliche Zielgruppen.« Der Van-Vertrieb versucht sich bei der Premiere an einer Definition: »Minivans sind teuer und sehr groß. Die bisherigen Compactvans zeichnen sich durch Pkw-Eigenschaften und viel Platz für mehr als fünf Personen aus; allerdings ist das Raumangebot eher bescheiden. Cityvans sind preiswert und bieten zwar vergleichsweise viel Raum auf kleiner Fläche, aber wenig Komfort. Compact-Kombis sind Pkws, die im Vergleich zu echten Vans wenig Raum und eine eingeschränkte Variabilität bieten.«

Das hört sich arg verkopft an. Anders formuliert: Der neue Vaneo soll die Vorzüge dieser Kategorien vereinen. Er lockt mit drei Ausstattungslinien und einem variablen Innenraum: Die Basis bildet ein Fünfsitzer mit 60:40 geteilter Rückbank. Optional gibt es einen demontierbaren Beifahrersitz oder zwei zusätzliche Kindersitze im Laderaum. Das Frachtabteil lässt sich ebenfalls mit einem ausziehbaren Ladeboden bestücken. Mit unterschiedlichen Ausstattungspaketen passt sich der Vaneo den Hobbys der Nutzer an. Gewerbetreibenden bietet Mercedes-Benz anstelle des Kastenwagens das Carry-Paket an. Diese beschichtete Innenverkleidung lässt sich im Laderaum ähnlich wie ein Karton entfalten.

Die zulässige Gesamtmasse beläuft sich je nach Motorisierung auf 1,9 bis haarscharf unter 2,0 Tonnen, die Nutzlast rund 550 Kilogramm. Die Motorisierung basiert auf jener der A-Klasse. Sie setzt sich aus Benzinern mit 1,6 und 1,9 Liter Hubraum und einer Leistung von 60 kW (82 PS) bis 92 kW (125 PS) sowie einem 1,7-Liter-Diesel in Leistungsstufen von 55 kW (75 PS) und 67 kW (91 PS) zusammen. Für die ursprünglich angepeilte Handwerkerklientel ist dies völlig ausreichend, für den privaten Einsatz in vielen Fällen etwas matt. Hinzu kommt die Kraftübertragung, entweder mit Fünfgang-Schaltgetriebe oder einem eher gemächlichen automatisierten Getriebe, wie es seinerzeit in Mode. Alternativ dazu steht für die beiden stärkeren Benziner und den kräftigeren Diesel ein Wandler-Automatikgetriebe zur Verfügung.

Beim Fahrwerk setzen die Entwickler vorne auf McPherson-Federbeine, hinten zugunsten einer hohen Achslast auf eine Starrachse mit Längslenkern und Schraubenfedern. Ein Hinweis darf nicht fehlen: Nach unangenehmen Erlebnissen kurz zuvor mit der A-Klasse gehört das elektronische Stabilitätsprogramm ESP zur Serienausstattung des Vaneo.

Große Klappe: Der Vaneo ist ist Prinzip eine geräumige Riesen-A-Klasse der ersten Generation.

Gewerbetreibende greifen lieber zum größeren Vito, in dessen Innenraum kommt deutlich mehr unter.

Also Büromobil vielleicht doch eine Nummer zu klein - Versuch der Vermarktung im gewerblichen Einsatz.

Im Mai 1998 hat der Konzern die Fertigung des Vaneo im Werk Ludwigsfelde bei Berlin beschlossen. Dort wird 1999 der Grundstein für eine neue Rohbauhalle gelegt. Im Jahr 2000 werden in Ludwigsfelde die Prototypen gefertigt, Ende September 2001 beginnt der Serienanlauf, im Februar 2002 der Zweischicht-Betrieb. Vorerst ist eine Jahresfertigung von 50 000 Einheiten geplant, sie kann bei Bedarf im Dreischichtbetrieb auf 70 000 Einheiten wachsen.

Dazu wird es nicht kommen, denn die Realität ist ernüchternd. »Das Konzept ist fantastisch, die Qualität leider nicht«, so heißt es in einem Internet-Forum. Die Nutzer berichten von zahlreichen Qualitätsmängeln und Werkstattbesuchen. Zwar bessern die Ingenieure fleißig nach, steigern Qualität und Verarbeitung, präsentieren auf der IAA Nutzfahrzeuge 2002 eine Taxi-Variante sowie zusammen mit Werkstatt-Spezialist Sortimo eine Studie mit austauschbaren Modulen für Bauleiter, Bauingenieure und Architekten und bieten ab sofort eine Telematik-Plattform für Versand und Empfang von Mails und SMS-Nachrichten an. Im Herbst 2004 folgt noch die Edel-Ausstattungslinie namens »Imagination«. Der Vaneo wird immer besser und gilt nun als ausgereift, doch das Ende ist bereits vorbestimmt. Der Wettbewerb ist weit günstiger, der Ruf angekratzt und mit dem Fiat Doblò sowie vor allem dem neuen VW Caddy nach dem Rezept der erfolgreichen Franzosen schnüren ihm weitere Wettbewerber die Luft ab. Wenig mehr als drei Jahre nach dem Start teilt Daimler-Chrysler mit, dass der Vaneo bereits im Jahr 2005 nach rund 55 000 Exemplaren auslaufen wird.

In Ludwigsfelde laufen derweil im Hintergrund bereits die Vorbereitungen für die Fertigung des neuen Sprinter, er soll ab 2006 die Bänder des Werks füllen. Bis zum nächsten Versuch mit einem Lieferwagen/Hochdachkombi unter dem Stern aber wird es sieben Jahre und somit eine ganze Modellgeneration dauern.

Rechte Seite unten: Als Taxi kommt der Vaneo ein, zwei Autogenerationen zu früh, noch stehen die dahinter parkenden Limousinen in der Gunst deutlich höher.

Als Kastenwagen vorab gezeigt, jedoch nie angeboten: verblechter Vaneo.

2003: Start für den rundum neu konzipierten Vito – und für ein Großraumfahrzeug namens Viano

Ein Modellwechsel bereits nach acht Jahren? Das hat in der Transporterszene Seltenheitswert. Zu hoch sind die Investitionen, zu überschaubar die Stückzahlen. Dazu verärgert es die Aus- und Aufbauer, wenn sie ihre Produkte schon wieder umbauen und anpassen müssen. Auch gewerbliche Käufer sind nicht begeistert: Kaum sind die Marotten eines Modells abgestellt, heißt es Umstellung, auf ein neues Fahrzeug mit neuen Fehlern. Beim Wechsel von Vito zu Vito im Jahr 2003 aber sind vermutlich alle Beteiligten einverstanden, denn der erste Versuch von Mercedes-Benz mit einem eigenständigen Transporter in der Kompakt-Klasse ist nicht durchweg glücklich verlaufen. Erst recht gilt dies gilt für den Parallelschritt von der V-Klasse zum Viano. Der Wechsel der Bezeichnung ist als Rauswurf aus der Pkw-Nomenklatur zu verstehen. Jetzt also Viano, so sollte zuvor die V-Klasse ursprünglich ohnehin noch kurz vor ihrer Kiellegung heißen. Von Großraumlimousine oder Van ist auch nicht mehr die Rede, jetzt tituliert Mercedes-Benz die Baureihe sachlich als Großraumfahrzeug.

Designer und Entwickler setzen bei der Doppelbaureihe komplett neu an. Das Design wirkt dynamisch gespannt wie ein Flitzebogen. Sein Schwung reicht mit keilförmiger Silhouette und stärker denn je herausgearbeiteter Bügelfalte in der Seite – Stichwort: »Charakterlinie« – bis zum bogenförmigen hinteren Seitenfenster und einem Heck, das den Aufbau abrupt abschließt. Hinschauen lohnt sich: Die Charakterlinie geht in die Führung der Schiebetür über – ein schöner Trick. Zeigen die neuen Modelle vorn mit tropfenförmigen Scheinwerfern und einem rundlichen Grill Verwandtschaft zur aktuellen Pkw-Linie, so erinnert das Heck nicht von ungefähr an

Nur dezent getarnt: Vito mit Hochdach und ein Viano im Jahr 2002 lange vor der offiziellen Premiere bei Wintertests im Norden Skandinaviens.

2003: Vito 2 & Viano

Ein Jahr vor der Premiere wird der rundum neue Viano im Windkanal frisch geföhnt. Sein Vorteil: Dach und Motorhaube haben den gleichen flachen Winkel.

den kleineren Vaneo: Hier wie dort klammern die Rückleuchten das Hinterteil ein. Beachtung verdienen die kleinen Van-Fenster unterhalb der A-Säule, sie verbessern Sicht und Helligkeit. Alles zusammen wirkt für einen Transporter ungewohnt kraftvoll und geradezu angriffslustig, gleichzeitig aber fast grazil – Mercedes-Benz will es wissen. Dazu gehört auch eine völlig eigenständige und für die Klasse ungewöhnliche technische Auslegung. Hat sich die werte Kundschaft einschließlich Vito I und V-Klasse längst an Quermotoren und Vorderradantrieb gewöhnt, so orientiert sich die neue Transportergeneration mit Stern mit längs eingebauten Motoren und angetriebener Hinterachse wieder an der traditionellen Linie des Hauses für ausgewachsene Personenwagen als Aggregatespender sowie an den größeren Bruder Sprinter.

Im Vito kommt wie bisher der Vierzylinder-Turbodiesel mit 2,15 Liter Hubraum zum Einsatz, jedoch in drei spürbar verstärkten Leistungsstufen von 65 kW (88 PS) über 80 kW (109 PS) bis 110 kW (150 PS). Liebhaber von Benzinern können sich auf V6-Aggregate – jetzt aus dem eigenen Haus – mit wahlweise 140 kW (190 PS) und 160 kW (218 PS) mit Aluminiumgehäuse und Doppelzündung freuen. Die Dieselversionen rüstet Mercedes-Benz serienmäßig mit einem Sechsgang-Schaltgetriebe aus, die Ben-

Spektakulärer Seitfallwurf: Crashtest der neuen Doppelbaureihe im Jahr 2002.

So lässt es sich im Viano reisen: verschiebbare Einzelsitze auf einem Schienensystem, ausklappbarer Tisch.

Neue Trends im Viano: Multifunktionslenkrad und Navigationsbildschirm. Dazu eine aufgeräumte Tastenklaviatur.

Viano Fun und seine Kollegen: dynamisch gepfeilte Karosserie elegant integrierte Führung der Schiebetür.

Der neue Marco Polo wird vom Viano abgeleitet. Eleganter Wohnraum, Faltenbalg mit automatischem Einzug.

ziner mit einer Fünfgang-Wandlerautomatik. Sie ist als Sonderausstattung ebenfalls für die beiden kräftigeren Diesel zu bekommen. Dieses Antriebspaket steckt ebenfalls im Viano, mit Ausnahme der schwächsten Dieselvariante. Der Hinterradantrieb kostet durch den Längseinbau der Motoren zwar Platz und ist ein wenig schwerer, jedoch profitiert die Fahrdynamik von ihm. Vorne McPherson-Federbeine, hinten eine Einzelradaufhängung mit Schräglenkern und Schraubenfedern, beim Top-Modell des Viano sogar luftgefedert – hat was. Und alle Modelle sind für den Fall der Fälle serienmäßig mit ESP ausgerüstet. In der täglichen Praxis profitieren Fahrer vor allem vom großen Lenkeinschlag mit entsprechender Wendigkeit – bei den Vorgängermodellen kein Ruhmesblatt.

Ganz anders sieht auch die Variantenvielfalt aus. Zwei Radstände und drei Längen von 4,75, 4,99 und 5,22

Metern, beim Vito nun auch ein etwas eigenwillig geformtes Hochdach, zwei Gewichtsklassen von 2,77 und 2,94 Tonnen. Angesichts der zwangsläufig ungünstigeren Raumausnutzung der Längsmotoren haben sich die Entwickler für den Vito als Kastenwagen etwas einfallen lassen: Die Sitze sind auf etwa 20 Zentimeter Länge unterladefähig. Für Rohre oder anderes Langgut. Beachtlich ist ebenfalls die Modellvielfalt. Den Vito gibt es als Kastenwagen, Kombi sowie als Mixto, ein Kastenwagen mit zweiter Sitzreihe und Trennwand dahinter. Der Viano fährt in den Ausstattungsvarianten Trend, Ambiente und Fun vor. Zusätzlich stehen hier die Ausstattungspakete Bike, Business und Life zur Wahl. Darüber hinaus gibt es zahlreiche Sitzkonfigurationen von fünf bis acht Plätze. Einzelsitze und Sitzbänke sind auf Schienen angeordnet und verschiebbar, Einzelsitze in der Mitte lassen sich umstecken. Dazwischen gibt es einen verschiebbaren Ablagekasten mit ausklappbarem Tisch, Verkörpern Viano Trend und Ambiente den klassischen Van auf unterschiedlichem Niveau, so mimt der Viano Fun mit seiner Klappsitzbank im Heck das 365-Tage-Fahrzeug für Alltag und Freizeit einschließlich Klapptisch und Übernachtungsmöglichkeit. Im Cockpit finden Vito und Viano wieder zusammen. Es ist hier wie dort einheitlich, wirkt hochwertig, die Mittelkonsole ist weniger klotzig als zuvor.

Der Transporter Vito profitiert von der gleichen schnittigen Linie wie sein feinerer Kollege Viano.

Viano-Palette: Trend, Fun, Ambiente. Hinzu kommen Ausstattungspakete und Sitzkonfigurationen.

S VI 1078

Den Vito gibt es in der Neuauflage von Beginn an auch mit Hochdach und Heckflügeltüren.

Das Vito-Cockpit ist in seinen Grundzügen identisch mit dem des Viano, es fehlt allein mancher Schmuck.

Auch das Reisemobil Marco Polo ist wieder da, jetzt aber nicht mehr dem Vito, sondern dem feineren Viano angegliedert. Ausbaupartner ist und bleibt Westfalia, zu diesem Zeitpunkt für knapp zehn Jahre ein Tochterunternehmen der damaligen Daimler-Chrysler AG. Der Grundriss basiert mit Klappsitzbank im Heck und einer Küchen- und Schrankzeile in Fahrtrichtung links der seit Jahrzehnten bewährten Westfalia-Mixtur. Aus dem Vorgängermodell übernimmt der Marco Polo die Rollladentüren der Schränke. Die Einrichtung wirkt indes weniger bunt, dafür gediegener. Die beiden Rückenlehnen der geteilten Sitzbank gewinnen mit elektrisch aufblasbaren Luftpolstern während der Fahrt an Kontur. Elektrisch klappen die Rücksitze auch in Liegeposition. Elektrohydraulisch öffnet auf Wunsch das Dach. Beim Schließen sichern eingenähte umlaufende GfK-Stäbe, dass sich der Faltenbalg zuverlässig zusammenzieht.

Vito Mixto: Kastenwagen mit Doppelkabine und Frachtabteil im Heck.

Nur ein Jahr nach der Vorstellung legt Mercedes-Benz in Vito und Viano ein neues Spitzentriebwerk auf. Der V6-Benziner leistet aus 3,7 Liter Hubraum 170 kW (231 PS) Die Dieselmotoren erhalten optional einen Partikelfilter. Sonderausstattungen wie ein ausziehbarer Ladeboden für Vito Kombi und Viano und eine Sprachbedienung für Telefon, Radio und Navigationssystem erleichtern den Umgang während Arbeit und Freizeit. Das gilt ebenfalls für einen DVD-Spieler mit klappbarem Monitor im Dach zur Information und Unterhaltung der Fahrgäste im Fond. Auf der IAA 2004 lotet Mercedes-Benz mit der Studie Viano Activity neue Fahrzeugkonzepte aus. Der Pickup auf Basis des Viano trägt eine Offroad-Optik und verbindet als Crossover Beruf, Alltag und Freizeit miteinander. Urheber ist das Hymer IDC unter Professor Johann Tomforde, er war schon in der Vergangenheit für die eine oder andere Überraschung gut.

Von einem beachtlichen Technikschub profitieren Vito und Viano im Jahr 2006. Bereits im Frühjahr präsentiert Mercedes-Benz einen permanenten Vierradantrieb in

Stude Viano Activity auf der IAA 2004: Crossover als Doppelkabine mit Pickup-Ladefläche.

Sondermodell Viano X-clusive 2007; schwarzer Lack, schwarzes Leder, tiefergelegt.

Vito 4x4 und Viano 4Matic. Ihre Bezeichnung ist unterschiedlich, die Technik identisch: Die Antriebskraft wird im normalen Fahrbetrieb im Verhältnis von 35:65 auf Vorder- und Hinterachse übertragen. Der Allradantrieb arbeitet mit dem Elektronischen Traktions-System 4ETS, bekannt aus der M-Klasse von Mercedes-Benz: Verlieren eines oder mehrere Räder auf rutschigem Untergrund die Traktion, bremst 4ETS die durchdrehenden Räder automatisch mit kurzen Impulsen ab und erhöht dadurch in gleichem Maße das Antriebsmoment an den Rädern mit guter Traktion.

Zur IAA im Herbst 2006 gewinnen die kompakten Dieselmotoren mit Common-Rail-Technik dank Piezo-Injektoren weiter an Effizienz. Damit einher geht eine Leistungssteigerung auf 70 kW (95 PS), 85 kW (115 PS) und 110 kW (150 PS). Neue Maßstäbe setzt das Duo Vito 120 CDI und Viano CDI 3.0 mit einem V6-Dieseltriebwerk in Technik, Leistungsentfaltung und Laufkultur. Die Maschine mit 3,0 l Hubraum erzielt sowohl mit ihrer Leistung von 150 kW (204 PS) als auch mit ihrem maximalen Drehmoment von 440 Nm Rekordwerte für Dieselmotoren in der Kategorie der Großraumfahrzeuge.

Vito-Showcar Blue Efficiency auf der IAA 2008: versammelte Spritspartechnik.

Er zeigt, was er drin hat: Werkstattwagen eines Ausbauers für Handwerker.

Viano-Facelift 2010: augenfällig sind die neuen Scheinwerfer mit Tagfahrlicht-Leiste.

Neues Lenkrad mit mehr Multifunktion.

Grundlage ist die herausragende Technik des hochmodernen V6-Zylinders namens OM 642 mit einem Kurbelgehäuse aus Aluminium, Ausgleichswelle, Vierventil-Technik, insgesamt vier obenliegenden Nockenwellen mit Antrieb per Duplex-Kette, Turbolader mit variabler Turbinen-Geometrie sowie Common-Rail-Einspritzung der neuesten Generation. Ein Fünfgang-Automatikgetriebe übernimmt die Kraftübertragung. Im Jahr 2006 führt Mercedes-Benz außerdem die Benziner wieder zusammen. Der nächste V6 leistet aus 3,5 Liter Hubraum 190 kW (258 PS). Schließlich werten neue Instrumente in zwei Varianten den Fahrerplatz in Vito und Viano auf. Basis sind jeweils große und übersichtliche Rundinstrumente für Geschwindigkeit und Drehzahl. Je nach Ausstattungs-Variante sind dazwischen ein LCD-Display oder zwei Pixel-Matrix-Displays angesiedelt.

Nach diesen Veränderungen geht es etwas ruhiger zu, ein Zeichen für die Stimmigkeit des neuen Transporter-Konzepts. Zur IAA 2008 sortiert Mercedes-Benz die

Vito E-Cell: eine halbe Tonne Batterien unter dem Bauch, Elektromotor unter der Haube, verpackt im Kastenwagen mittlerer Größe.

Aufschnitt: batterieelektrisch angetriebener Vito E-Cell, der erste große Ausflug in die Elektromobilität - jetzt wird es ernst.

Gewichte neu. Der Vito ist jetzt zusätzlich als stämmiger 3,2-Tonner im Programm. Der Viano rückt je nach Modell auf 3,05 Tonnen auf – eine Notwendigkeit für die Kombination zahlreicher Sitzplätze mit V6-Diesel. In beiden Strängen der Doppelbaureihe erhalten die Fondsitze eine größere Beinauflage, Fahrer- und Beifahrersitze rücken zugunsten der Sitzposition etwas tiefer.

Das Showcar Vito Blue Efficiency versammelt auf der IAA 2008 die derzeit mögliche Spritspartechnik. Sechsgang-Schaltgetriebe mit großer Spreizung, Start-Stopp-Funktion, Batterie- und Generatormanagement, geregelte Lenkhelfpumpe, Leichtlaufreifen und ein Aerodynamikpaket senken den Verbrauch um bis zu 1,5 Liter/100 km. Vieles davon wird in den kommenden Jahren ins Programm einfließen. Noch zukunftsweisender ist das Schnittmodell Vito Blue Hybrid mit einem Mild Hybrid. Sein E-Motor mit 18 kW Leistung unterstützt den Verbrenner und ersetzt Anlasser und Lichtmaschine. Bremsenergie wird in einer Lithium-Ionen-Batterie gespeichert. In die Serie schafft es das Projekt jedoch nicht.

Ein Jahr später greift Mercedes-Benz zur Pkw-IAA 2009 mit einer Studie auf der Basis des feinen Sondermodells Viano X-clusive (seit 2007) in die Vollen: Außen schwarzer Lack und diverse Verzierungen, innen schwarzes Leder, Alcantara und Zierleisten in Vogelaugenahorn, Soundsystem, Sportsitze im Cockpit, tiefergelegtes Fahrwerk und unter der Motorhaube ein V8-Benziner mit fünf Liter Hubraum und einer Leistung von 225 kW (306 PS), gebändigt von einer besonders leistungsfähigen Bremsanlage. Von wegen Großraumfahrzeug, das ist der Schritt zu einem faszinierenden Van.

2010 ist ein entscheidendes Jahr für das Duo Vito und Viano. Ab Frühjahr startet zunächst eine zusätzliche Fertigung bei der Fujian Daimler Automotive in China, später umbenannt in Fujian Benz Automotive. Im Sommer 2010 präsentiert Mercedes-Benz den batterieelektrisch angetriebenen Vito E-Cell. Zunächst soll eine Kleinserie von 100 Transportern aufgelegt werden. Das erste Hundert vermietet Mercedes-Benz an Kunden in Berlin und Stuttgart. Dank Fördermitteln gibt's die Autos zunächst für mehrere Monate kostenlos, danach ist eine Monatsrate inklusive Service fällig, das vermeidet Preisdiskussionen. Nach vier Jahren und etwa 80 000 Kilometern will Mercedes-Benz die E-Vito zurücknehmen. Die Batterien – verteilt auf 16 Module mit zusammen 192 Zellen mit zusammen 550 Kilogramm Gewicht – ruhen unter dem Bauch des Vito, die Kapazität von 36 kWh (nutzbar sind 32,4 kWh) reicht bei einem Maximaltempo von gut 80 Sachen für mindestens 130 Kilometer Reichweite. Das passt für viele Einsätze, ebenso die Leistung von maximal 70 kW und

Auch der Vito profitiert 2010 vom Facelift, sichtbar unter anderem an Scheinwerfern und Grill.

Zum Betreten viel zu kostbar: Showcar Viano Viseon Pearl 2011, fein ausstaffiert mit Echtholzboden und hellem Leder.

konstant 60. Die Kraftübertragung übernimmt ein Einganggetriebe auf die Vorderräder – der Vito E-Cell ist der einzige Vito mit Frontantrieb. Der Laderaum in der mittellangen Karosserie des Kastenwagens steht voll zur Verfügung. Dank Auflastung auf 3,05 Tonnen trägt der Vito E-Cell eine anständige Nutzlast von 900 Kilogramm. Im Hintergrund steht geschulter Service bereit: Mitarbeiter von jeweils zwei Werkstätten in Berlin und Stuttgart haben sich auf die Betreuung des Vito E-Cell vorbereitet. Die Diagnose in den Werkstätten erfolgt mit der vorhandenen Technik. Für Notfälle stehen Fachleute bei Fuß, auch die Notrufzentrale von Mercedes-Benz ist auf eventuelle Hilferufe von Fahrern ermatteter Strom-Vito eingestellt. Mercedes- Benz erhöht schnell die Schlagzahl: Auf die 100 ersten Exemplare folgt, beginnend 2011, eine Serie von 2000 Vito-Cell. Sie wird, ebenso wie die Hundertschaft, am Band im Vito-Werk Vitoria gefertigt. Ladesäulen und Wallboxen gibt es damals noch nicht. Mit dem eingebauten Ladegerät von 6,1 kW soll eine Aufladung am 400-V-Drehstromnetz etwa sechs Stunden dauern, an der 230-V-Steckdose zwölf Stunden. Ab Frühjahr 2011 wird der Vito E-Cell in mehreren europäischen Ländern angeboten, 2012 folgt der Vito E-Cell Kombi. Diese beiden Serienmodelle verfügen zur Vergrößerung der Reichweite über ein rekuperatives Bremssystem. Im Anschluss legt der elektrifizierte Vito eine Pause ein – für eine flächendeckende Elektromobilität ist es zu früh.

Robuster Kombi für Stiefelträger: der Vito Shuttle, neu ab dem Facelist 2010.

Vorwärts geht es beim konventionellen Antrieb. Im Herbst 2010 ist es nach sieben Jahren Zeit für eine gründliche Weiterentwicklung von Vito und Viano. Kern ist ein komplett neuer Antriebsstrang. Im Mittelpunkt steht eine neue Generation Dieselmotoren, die sich bereits im größeren Bruder Sprinter sowie den Pkw mit Stern bewährt hat. Bei nahezu unverändertem Hubraum von 2,15 Litern steigt die Leistung auf 70 kW (95 PS), alternativ 100 kW (136 PS) und 120 kW (136 PS). Antrieb der beiden Nockenwellen über eine Kombination aus Zahnrädern und einer kurzen Kette, Common-Rail-System mit robusten Magnetventilen und Siebenloch-Einspritzdüsen sowie maximalem Einspritzdruck von 1800 bar, dazu Ausgleichswellen für einen ruhigeren Motorlauf und ein Turbolader mit variabler Turbinengeometrie – die Maschinen zeigen beachtliche Technik. Das gilt ebenfalls für bedarfsgeregelte Nebenaggregate und ein neues Sechsgang-Schaltgetriebe mit großer Spreizung. Die Leistung des V6-Diesels klettert auf 165 kW (224 PS).

Trotz mehr Leistung sinken durchweg Verbrauch und Abgasemissionen deutlich. Zumindest nach den Normwerten, bei denen in jenen Jahren ein Rennen um Spitzenwerte zwischen den Herstellern herrscht. Dabei wird mit harten Bandagen und zumindest umstrittenen Methoden gekämpft. Jahre später jedenfalls vergattert das Kraftfahrt-Bundesamt auch Mercedes-Benz zu Rückrufen von Vito und Viano wegen unzulässiger Abschaltung der Abgasreinigung. Mercedes-Benz wehrt sich dagegen juristisch, akzeptiert aber Rückrufe und auch eine Strafzahlung.

Unumstritten ist das Spritsparpaket namens Blue Efficiency, präsentiert bereits zwei Jahre zuvor, jetzt Option für den Vito Kastenwagen und Serie bei Kombi sowie dem Viano. Es setzt sich aus Start-Stopp-Funktion und Schaltpunktanzeige in Verbindung mit Schaltgetriebe, rollwiderstandsarmen Reifen, geregelter Pumpe der Servolenkung sowie innermotorischen Maßnahmen zusammen.

Vito 4x4 mit Allradantrieb: kurz vor Schluss sinkt das Geräusch und der Verschleiß nimmt ab.

Der optionale permanente Allradantrieb von Vito 4x4 und Viano 4Matic wird durch eine neue Lagerung des Vorderachsgetriebes und eine Schrägverzahnung des Differenzials leiser. Hinzu kommt ein erhöhtes Ölvolumen. Alles zusammen verringert gleichzeitig den Verschleiß.

Mercedes-Benz überarbeitet bei allen Modellen das Fahrwerk bei unveränderter Grundkonstruktion komplett und steigert damit sowohl Fahrsicherheit als auch Fahrkomfort. Vito Kastenwagen und Mixto einerseits und der Kombi sowie der Viano andererseits erhalten unterschiedliche einsatzspezifische Abstimmungen. Die Spanne der zulässigen Gesamtmasse reicht nun auch beim Vito von 2,8 über 3,05 bis 3,2 Tonnen, das entspricht bei den beiden Leichtgewichten einer teils spürbaren Erhöhung der Nutzlast.

Nur dezent schleifen die Entwickler das Cockpit, etwa mit Drucktasten anstelle von Wippschaltern in der Mittelkonsole und einer kompletten Auskleidung der Armaturentafel in Anthrazit. Die neue Modellvariante Vito Crew zielt auf robuste Einsätze und besonders preisbewusste Kunden. Auf der entgegengesetzten Seite des Programms ist der Vito Shuttle mit gehobener Ausstattung angesiedelt.

Ein Schwerpunkt des Viano ist mehr Reisekomfort: Absenkung des Geräuschniveaus im Innenraum, neue Innenverkleidungen und eine Ambientebeleuchtung im Fußraum sowie den Mulden der Haltegriffe schaffen eine angenehme Atmosphäre an Bord.

Äußerlich ist die neue Generation vor allem an einem kräftig gestalteten Kühlergrill mit zwei (Vito) oder drei Lamellen (Viano) sowie neuen Scheinwerfern mit einem stabförmigen LED-Tagfahrlicht zu erkennen. Aufwerten lässt sich die Beleuchtung mit Xenon-Scheinwerfern, Abbiege- und Kurvenlicht. Aufmerksame Beobachter entdecken neue Außenspiegel. Der Viano hebt sich von seinem Kollegen durch neue Rückleuchten mit einer integrierten Blende in Glasoptik ab. Der Marco Polo profitiert neben einigen Details von einem neuen Boden in Holzoptik und vermittelt damit das Gefühl einer Yacht.

Das Automobil, erfunden von den Herren Benz und Daimler, wird im Jahr 2011 genau 125 Jahre alt, das Duo Vito und Viano jedoch nähert sich dem Ende seiner Karriere. Das ist die Zeit, um mit Sondermodellen und Studien die Aufmerksamkeit zu erhalten. Auf dem Genfer Salon präsentiert Mercedes-Benz den Viano Avantgarde Edition 125. Mit glanzgedrehten Leichtmetallrädern im Format 19 Zoll und Chromschmuck ist er ein Fall für Extrovertierte. Drinnen gibt es Sportsitze mit feinem Lederbezug, Instrumente mit weißen Skalen, besondere Dekorleisten und Verkleidungen. Der Edelmann wird mit den V6-Motoren und einem Sportfahrwerk gekoppelt.

Das farbliche Kontrastprogramm dazu liefert auf der Pkw-IAA im Herbst das Showcar namens Vision Pearl: weiß-graue Lederausstattung, Echtholzboden, gebürstetes Aluminium, chromatische Fensterverdunkelung, W-LAN und außen ein matter kieselgrauer Lack – auch dies schafft Analogien zu einer edlen Yacht. Auf der IAA Nutzfahrzeuge im Jahr 2012 trommelt Mercedes-Benz nochmals für den Vito E-Cell. Damit endet die Karriere von Vito und Viano – im Unterschied zu den Vorgängermodellen längst etabliert und anerkannt. Mercedes-Benz hat die Kurve bei den kompakten Transportern geschafft.

Viano Marco Polo in seiner Spätphase: helle Einrichtung und Schiffsbodenoptik schaffen ein freundliches Ambiente.

Wenn's die Batterieladung hergibt, lässt sich der E-Cell auch mit Frischdienstausbau fahren.

2006: Sprinter 2 – die Nummer 1 geht komplett erneuert an den Start

Frühjahrszeit ist Transporterzeit bei Mercedes-Benz. Das war einst beim »Bremer« so, beim Sprinter der ersten Generation, nun schließt sich der Sprinter der zweiten Generation an. Vom Vorgänger übernimmt er die Rolle des Favoriten. Und dies in einem unglaublichen Transporterjahr: Im Laufe 2006 gehen alle Fahrzeuge dieser Klasse neu an den Start. Bereits im November 1995 verkündet Mercedes-Benz den Modellwechsel.

Bereits in der ersten Meldung schürt Mercedes-Benz das Feuer. Der neue Sprinter kommt in drei Radständen, vier Längen von 5,24 bis 7,34 Meter, drei Höhen, zulässigen Gesamtmassen von 3,0 bis 5,0 Tonnen, mit Kastenwagen-Laderäumen von 7,0 bis 17 Kubikmetern, CDI-Dieselmotoren mit vier und erstmals sechs Zylindern und Leistungen zwischen 65 kW (88 PS) und 135 kW (184 PS) mit Partikelfilter. Dann wäre da noch ein V6-Benziner mit 190 kW (258 PS). Nochmals verbessertes Crashverhalten, erstmals auf Wunsch Thorax-Airbags, ein sogenanntes Adaptive-ESP mit Schwerpunkt-Erkennung und 16-Zoll-Räder für alle Modelle, auf Wunsch Bi-Xenon-Scheinwerfer mit Abbiege- und Kurvenlicht – dies alles deckt das Thema Sicherheit ab. Zur Serienausstattung zählen elektrische Fensterheber und Zentralverriegelung mit Funkfernbedienung, dann wäre da erstmals ein optionales schlüsselloses Zugangssystem.

Ein Blick lohnt auch auf die Produktion: Das Werk Düsseldorf ist künftig ausschließlich für die geschlossenen Varianten zuständig. Fahrgestelle kommen aus Ludwigsfelde bei Berlin. Anlass der Aufteilung ist ein erneuter Zusammenschluss mit VW. Der Großtransporter der Norddeutschen heißt jetzt Crafter, erhält auch diesmal ein eigenes Gesicht, wird aber von Mercedes-Benz gefertigt.

Anspruchsvolle Aufgabe: Der erfolgreiche Sprinter soll in seiner Neuauflage noch besser und erfolgreicher werden. Heute weiß man: Das hat funktioniert.

2006: Sprinter 2

Sprinter-Parade 2006: Doppelkabine, Kastenwagen und Kombi gut gemischt in unterschiedlichen Längen und Höhen.

Ein Cockpit auf Pkw-Niveau, wohlgeformt und zweifarbig, mit schmückenden Elementen und vielen Ablagen.

Was Mercedes-Benz auf die Beine stellt, ist aller Ehren wert. Siehe Motoren. Die stärkeren Leistungsstufen des bekannten Vierzylinders mit 2,15 Liter Hubraum glänzen mit einer Doppelaufladung. Ein wahrer Leckerbissen ist der V6-Turbodiesel: drei Liter Hubraum, zusammen vier oben liegende Nockenwellen mit 24 Ventilen, zentrale Ausgleichswelle und ein Kurbelgehäuse aus Aluminium. Er wird 15 Jahre lang im Sprinter die Rolle des Top-Diesels innehaben. Ist beim Benziner durchweg ein Automatikgetriebe für die Kraftübertragung zur Hinterachse zuständig, übernimmt diesen Job bei den Dieseltriebwerken grundsätzlich ein Sechsgang-Schaltgetriebe. Die Alternative heißt jetzt Wandler-Automatikgetriebe, das automatisierte Getriebe Sprintshift ist wieder verschwunden. Das Zeitliche gesegnet hat ebenfalls die klassische mechanische Differenzialsperre als Traktionshilfe. Das übernehmen weiterentwickelte elektronische Helfer wie die Antriebsschlupfregelung.

Die unsichtbaren Assistenten an Bord des Sprinter haben dazugelernt. Das serienmäßige elektronische Stabilitätsprogramm ESP ermittelt jetzt zusätzlich Beladung und Schwerpunkt des Transporters, es kann daher in heiklen Situationen noch feinfühliger reagieren. Noch besser: ESP zählt jetzt bei allen Modellen sämtlicher Gewichtsklassen zur Serienausrüstung, einschließlich der Fahrgestelle.

Neben der Elektronik haben sich die Entwickler auch intensiv den klassischen Bestandteilen des Fahrwerks angenommen. So rollen alle Sprinter jetzt serienmäßig auf Rädern mit 16 Zoll Durchmesser, Voraussetzung für den Einsatz größerer Bremsscheiben. Doppelkolben-Bremssättel an der Vorderachse erhöhen die Bremskraft, stärker dimensionierte Scheiben verlängern die Standzeit.

Trickreich: Zentral angeordneter Mercedes-Stern, befestigt an der rechten Flügeltür.

Eine Querblattfeder aus GfK statt Stahl an der Vorderachse verringert das Gewicht, soll auch die Stabilisierung verbessern. Eine neue Lagerung der Querlenker unterstützt das generell untersteuernde Fahrverhalten. Dem trägt auch die überarbeitete Radaufhängung an der Hinterachse Rechnung. Hier stabilisieren überdies weiter außen angeordnete und stärker aufgerichtete Stoßdämpfer das Wankverhalten. Dann wäre da eine neue Lenkung. Ihre Übersetzung ist progressiv gewählt, sie erleichtert einerseits das Rangieren und Abbiegen im städtischen Verkehrsgetümmel, stabilisiert andererseits das Fahrverhalten bei hohem Tempo durch eine steife Auslegung. Nicht zuletzt erlaubt die steilere Lenkradstellung jetzt eine Pkw-ähnliche Sitzposition. Wahlweise ist das Lenkrad jetzt sowohl vertikal als auch horizontal verstellbar.

Ohnehin fühlt sich der Fahrer an seinem Arbeitsplatz im neuen Sprinter mehr denn je willkommen. Mercedes-Benz spendiert große Außenspiegel mit einem separaten Weitwinkelfeld. Die serienmäßige Höhenverstellung des Sitzes funktioniert nun auch, wenn man bereits Platz genommen hat. Die Sitzfläche ist länger der Verstellweg erhöht. In mehreren Stufen lässt sich die Komfortausstattung des Platzes bis zum hydraulisch gefederten Schwingsitz ausbauen. In der nochmals größeren Kabine steht ihnen in jeder Bewegungsrichtung zudem mehr Platz zur Verfügung. Platz, den die Entwickler ebenfalls für große und vielfältige Ablagen genutzt haben.

So aufgeräumt wie in der Kabine geht's auch in der Instrumentenanlage zu. Groß und rund dehnen sich nun die Anzeigen von Tacho und Drehzahlmesser. Sie rahmen einen Block mit Kontrollleuchten sowie zwei Displays ein. Die Instrumente gibt es erstmals in zwei verschiedenen Ausführungen mit einem unterschiedlichen Tiefgang der Informationen. Die gehobene Ausgabe Highline ist mit einem Multifunktionslenkrad verbunden. Mit Hilfe von Wipptasten rangiert der Fahrer durch eine Menüstruktur, kann zahlreiche Fakten abrufen und Funktionen bedienen.

Innen schick, doch trotzdem ist sich der Sprinter auch für raue Einsätze wie auf dem Bau nicht zu schade.

Der Sprinter in höchster Variante schluckt viel Fracht, doch die Nutzlast ist begrenzt.

Hereinspaziert: Sprinter Kombi mit riesiger Schiebetür und verchromtem Grill.

Mit neuen Assistenzsystemen und einem sicheren Fahrwerk wird der Sprinter zum Safety Van.

Weiter hinten wachsen parallel zu Radstand und Höhe wachsen die Türen bis zum Format eines mittleren Scheunentors. Und zwischen den Radkästen schiebt der Staplerfahrer Frachten in Rekordformat durch. Damit dies auch bei üppigeren Sprinter-Varianten funktioniert, haben sich die Entwickler ein besonderes Kaliber einfallen lassen, den Sprinter mit 4,6 Tonnen Gesamtgewicht, Supersingle-Bereifung an der Hinterachse und einem Durchlademaß von exakt 1228 Millimetern. Mit Zwillingsbereifung dagegen bleibt das Maß zwangsläufig unter einem Meter.

Gestrichen hat Mercedes den Sechstonner. Die Rolle des Schwergewichts erfüllt jetzt der Fünftonner. Damit trotz üppigerer Maße und deutlich angehobener Ausstattung das Gewicht des neuen Sprinter nicht aus den Fugen gerät, hat man zu allen Tricks gegriffen: Moderne Konstruktionen erlauben höhere Festigkeit von Rohbau und Karosserie trotz geringerer Blechstärken. Der stärkste Vierzylinder ersetzt den gewichtigen bisherigen Fünfzylinder. Ein Tirefit-System anstelle des herkömmlichen Ersatzrads spart Gewicht ein.

Zum neuen Auftritt gehört die passende Figur. Zwar ist der neue Sprinter nicht gerade drahtig gebaut, aber wohlproportioniert. Zierstäbe teilen den ovalen Grill, links und rechts eingerahmt von großen Kulleraugen. Der Auftritt ist bewusst freundlich, eine Reaktion auf das angekratzte Image durch aggressive Transporter-Fahrweise und auch hohe Unfallzahlen nur wenige Jahre zuvor. Großzügig mit Sicken und breiten Schutzplanken versehen, zeigt der Sprinter einen kräftigen und doch harmonischen Körperbau. Und Feinheiten dazu: Seitenblinker im Außenspiegelgehäuse, Mercedes-Stern zentral auf dem Heck, mehrdimensional geformte Rückleuchten – die Designer haben sich was einfallen lassen, den Kubus dynamisch zu gestalten.

Und die Realität auf der Straße? Das Fahrwerk setzt neue Maßstäbe. Samtig federt der teilbeladene Sprinter,

Auch der James Cook ist wieder da, indes muss er sich zunehmend mit Günstig-Wettbewerbern balgen.

Zahlreiche Reisemobilhersteller nehmen den neuen Sprinter ins Programm, zum Beispiel Dethleffs mit diesem Teilintegrierten.

glättet Unebenheiten vorzüglich. Das Schluckvermögen ist enorm, der Fahrer spürt die Feinarbeit der Entwickler an Vorder- und Hinterachse. Indes verneigt sich der Sprinter respektvoll beim Stopp an der Ampel, kennt auch deutliche Aufbaubewegungen – nichts für empfindliche Mägen. Gleichzeitig fährt sich der Hecktriebler narrensicher. Mit etwa halber Nutzlast auf der Hinterachse folgt er präzise und weit gehend neutral den Lenkbewegungen. Und wer die Grenzen des Sprinter ausloten will, der benötigt schon eine feuchte Fahrbahn, damit das serienmäßige ESP Anlass für Eingriffe findet. Die Bremse arbeitet fein dosierbar und griffig, verlangt für eine Vollbremsung mit beeindruckender Leistung jedoch einen beherzten Tritt. Für die höheren Gewichtsklassen des Sprinter trifft dies nur mit leichter Einschränkung zu. Die Hinterachse des 4,6-Tonners mit Einzelbereifung etwa ist nicht nur härter im Nehmen, sondern auch im Austeilen. Das butterweich schaltende Automatikgetriebe gibt's für netto 1250 Euro zum Sonderpreis. Da ist dann auch die etwas sperrige Schaltkulisse egal oder der in Stellung D arg tief sitzende Wählhebel. Insgesamt vermittelt der Sprinter trotz seiner Handlichkeit den typi-

Komplexe Technik: Sprinter mit Vorderradantrieb mit Alko-Tiefrahmen.

schen Mercedes-Eindruck eines schweren Wagens – das gilt sowohl fürs Temperament, als auch das komfortable Fahrverhalten.

Das Jahr 2007 steht beim Sprinter unter den Überschriften Freizeit. Auf der Veranstaltung »Sir James and Friends« präsentiert Mercedes-Benz einen Querschnitt von Reisemobilen, vorzugsweise auf Basis des neuen Sprinter. Im Mittelpunkt steht der neue James Cook, vorgestellt bereits 2006. Wie seine Vorgänger entsteht er in Zusammenarbeit mit Westfalia. Sein Grundriss mit kompaktem Bad links im Heck und L-Küche erinnert an das Urmodell. Indes ist nach Entfernen des kurzen Schenkels ein Zugang durch die Heckflügeltüren möglich. Indes wird der neue James Cook nicht so recht angenommen, das hat mit praktischen Nachteilen des Ausbaus zu tun, aber auch mit einem Trend zu günstigen Kastenwagenausbauten – mit ihnen kann »Sir James« nicht mithalten. Technisch herausragend aber in ihren Stückzahlen ebenfalls eine Ausnahme bleibt die Kombination aus Sprinter mit Tiefrahmen-Fahrgestell von Spezialist Alko. Diese Lösung wird ihre Vorzüge erst in der nächsten Sprinter-Generation in der Frontantriebsvariante ausspielen können. Drumherum reihen sich feine Campingbusse mit Bad auf, teilintegrierte sowie vollintegrierte Reisemobile mit

Die Konzenkollegen von der Minibus GmbH legen eine komplette neue Flotte auf, hier der kompakte Stadtbus City 65.

eigenständiger Frontpartie auf. Die Stückzahlen aber bleiben überschaubar.

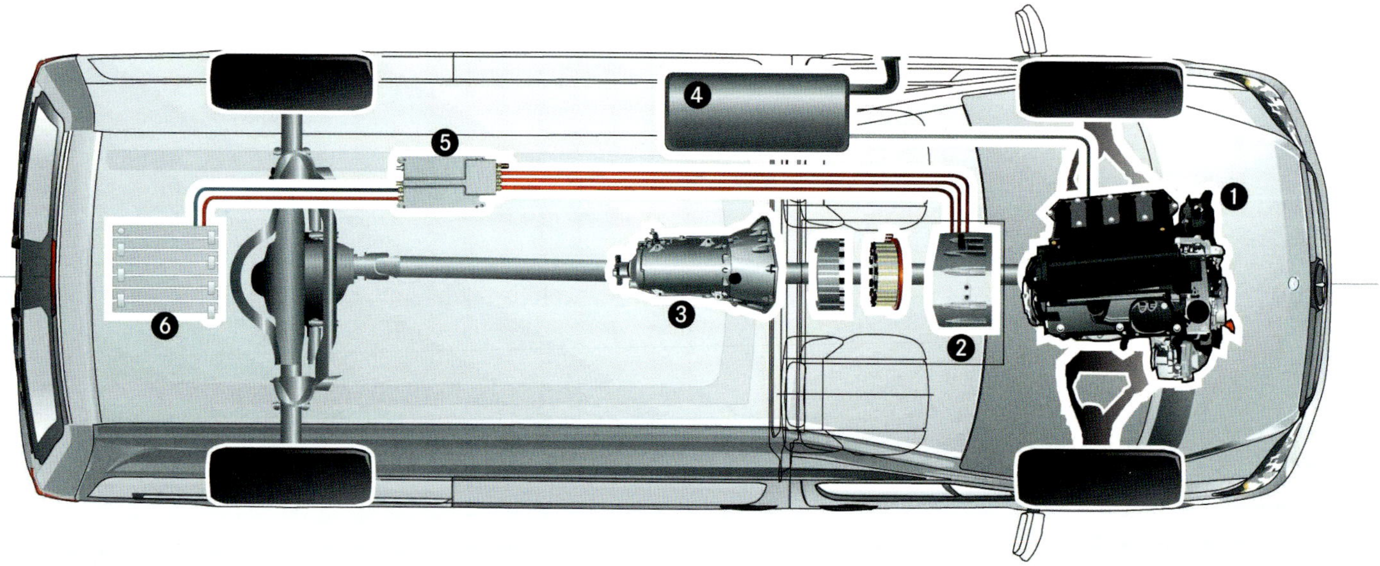

1 *Verbrennungsmotor*
2 *Elektromotor*
3 *Automatikgetriebe*
4 *Diesel-Kraftstoffbehälter*
5 *Steuer-/Leistungselektronik*
6 *Batterie*

Auf dem Weg zur Elektromobilität: der Sprinter mit Hybridantrieb...

Noch ein Minibus, der Sprinter Travel 65 mit eigenständigem Omnibusaufbau.

...und der Sprinter mit Plug-in-Hybridantrieb, also mit Batterie für eine rein elektrische Strecke.

An den Start geht ebenfalls eine komplett neue Flotte der hauseigenen Minibusse. Sie teilen sich in vier Baureihen vom kompakten Stadtbus bis zum schmucken Reisebus mit eigenständigem Aufbau. Ausgebaute Kastenwagen, Niederflurabteile, exklusive Karosserien – die Minibusse spielen erstmals mit einem umfassenden Konzept alle Karten aus. Alle? Einer wird noch folgen, der Stadtbus Sprinter City 77 mit einem dreiachsigen Niederflur-Fahrgestell zur Erhöhung des zulässigen Gewichts auf beachtliche 6,8 Tonnen. Die Entwickler der Minibusse gehen pragmatisch vor, die dritte Achse stammt vom Transporter Vito.

Breits auf der IAA 2006 hatte Mercedes-Benz die seriennahe Studie eines Erdgas-Sprinter vorgestellt. Im Jahr 2008 wird dies und mehr Wirklichkeit. »Wissen Sie, was Sie in 20 Jahren tanken werden?« So lautet die rhetorische Frage einer Broschüre zum Thema Alternativantrieb von Mercedes-Benz. Herausgestellt werden der Sprinter NGT mit Erdgasantrieb, verschiedene Hybridvarianten und die Brennstoffzelle. So richtig zünden will das Thema indes nicht, auch wenn Mercedes-Benz ein ganzes Rudel Erdgas-Sprinter anbietet. Sie sind bivalent, sprich neben mehreren Druckgasbehältern schwappen auch 100 Liter Benzin im Tank. Das ergibt zwar eine große Gesamtreichweite, aber zu einem hohen Preis, denn das Erdgas-Netz ist dünn und Benzin hat im Transporter schon lange nichts mehr zu suchen. Auch fehlt es dem Erdgasmotor, einem 1,8-Liter mit 115 kW (156 PS) Leistung an Durchzugskraft. Kundenversuche mit Plug-in-Hybriden in Kombination mit Benzinmotor in USA sowie mit Dieselmotor in

Sprinter NGT: Basis ist ein Benzinmotor, rund um den Rahmen stecken Erdgastanks (gelb).

Deutschland führen zur weltweit größten Versuchsflotte von Transportern mit Hybridantrieb – 13 Fahrzeuge. Optimistisch sieht das Unternehmen die Serieneinführung näher rücken, doch dazu wird es nicht kommen.

Im Sommer fährt ein Sprinter mit schnittigem Kofferaufbau, ohne Hilfsrahmen niedrig auf ein Fahrgestell gesetzt, in den Windkanal im Werk Stuttgart-Untertürkheim. Das Fahrzeug trägt den treffenden Namen »Aerobox«, stammt von Aufbauer Spier und dem ehemaligen Mercedes-Benz-Designer Johann Tomforde. Das Ergebnis von cw = 0,28 ist sensationell. Bei Messungen auf der Straße im Folgejahr kommt ein Verbrauchsvorteil von 16 Prozent im Vergleich zum bereits aerodynamisch guten Serienkoffer heraus. Auch hier kommt es nicht zum großen Durchbruch. An eine ganz andere Zielgruppe richtet sich die Neuauflage des Sprinter 4x4. Sein Allradantrieb ist zuschaltbar, im Stand oder bei niedrigem Tempo bis 10 km/h, an die Stelle mechanischer Differenzialsperren tritt das elektronische Traktionssystem 4ETS, das spart Gewicht. Es bremst durchdrehende Räder automatisch ab und lenkt die Kraft auf Räder mit guter Traktion. Damit wird die Wirkung von bis zu drei Differenzialsperren simuliert. Eine optionale Getriebeuntersetzung (Faktor erneut 1,42) erhöht den Mumm im Gelände nochmals. Im Normalbetrieb verteilt die Technik die Motorkraft im Verhältnis 35:65 zwischen Vorder- und Hinterachse. Die Karosserie ist vorne um 110 und hinten um 80 Millimeter angehoben.

Eine weitere Neuheit: Die Kombination aus Sprinter mit Tiefrahmen-Fahrgestell wächst bis auf 4,2 Tonnen zulässiger Gesamtmasse. Der Tiefrahmen ist nun optional mit Luftfederung anstelle der serienmäßigen Schraubenfedern zu bekommen. Auf der IAA zeigt ein eigenwilliges Showcar, zu was dies alles gut sein kann: Der aufgeschnittene Aufbau enthält Elemente eines Reisemobils, eines Blumentransporters sowie eines Rettungsfahrzeugs.

Viel besser entwickeln sich konventionelle Lösungen, etwa beim Antrieb: Zum Modelljahr 2009 fasst ihn

Mercedes-Benz erneut an. Der Vierzylinder-Turbodiesel leistet jetzt bis zu 120 kW (163 PS), das Drehmoment wächst, Ausgleichswellen vergrößern die Laufruhe. Ein neues Schaltgetriebe mit größerer Spreizung senkt vor allem die Drehzahlen in den oberen Gängen, somit Geräusch und Verbrauch. Neue Sitze sind bequemer, der »Trailer Stability Assist« verhindert durch gezielten Eingriff des ESP das Aufschaukeln von Anhängern. Die Anhängelast selbst steigt beim 3,5 Tonner auf ebenfalls bis zu 3,5 Tonnen. Bei einer Gefahrenbremsung blinken die Bremslichter. Die Spiegelheizung umfasst nun ebenfalls das Weitwinkelglas.

Die Dieselmotoren jener Jahre werden später jedoch in Verruf geraten. Das Kraftfahrt-Bundesamt verlangt dann eine Rückrufaktion des Sprinter mit Vierzylinder-Dieselmotoren wegen einer unzulässiger Abschaltung der Abgasreinigung. Mercedes-Benz wehrt sich dagegen juristisch, akzeptiert aber Rückrufe und auch eine Strafzahlung.

Weiter geht die Suche nach dem passenden Alternativantrieb zum immer wieder verfeinerten Diesel. 2010 fährt der Sprinter LGT mit Flüssiggasantrieb los. Auch er ist bivalent mit 76 Liter Flüssiggas plus Benzin. Seine Maschine entspricht dem Sprinter NGT, dessen Programm Mercedes-Benz um weitere Varianten vergrößert. Die Start-Stopp-Anlage packt Mercedes-Benz zusammen mit rollwiderstandsoptimierten Reifen in ein Paket namens Blue Efficiency.

Ein Jahr später gibt es Zuwachs: Der Sprinter wird nun auch beim Joint Venture Fujian Daimer – später Fujian Benz – in China hergestellt. Einen Satz nach vorn macht der Sprinter im Jahr 2012 mit Einführung der Sieben-

Sprinter als Showcar 2008: Reisemobil, Blumentransporter , Rettungswagen.

Flutscht durch den Wind: Sprinter mit Spier Aerobox-Aufbau und herausragendem cw-Wert.

Sprinter mit Allradantrieb auf Basis des elektronischen Traktionssystems 4ETS.

gang-Wandlerautomatik. Weiche und schnelle Schaltmanöver, große Übersetzungsspreizung – passt. Als Prototyp steht auf der IAA der vollelektrisch angetriebene Sprinter E-Cell. Lithium-Ionen-Batterien mit 35,2 kWh Kapazität, ein E-Motor mit einer kurzzeitigen Höchstleistung von 100 kW sowie 270 Nm, Ladegerät mit 22 kW Leistung – das klingt schon recht praxisgerecht. Aber Mercedes-Benz ist zu früh dran, der Sprinter E-Cell verschwindet nach seinem Auftritt auf der IAA wieder in der Versenkung. Zumal die Diesel sparsamer werden. Alle Modelle verfügen über ein Batteriemanagement, das Sparpaket Blue Efficiency umfasst Start-Stopp, rollwiderstandsoptimierte Reifen, eine geregelte Lenkhelfpumpe, ein Generatormanagement sowie eine geregelte Kraftstoffpumpe. Damit sinkt der Spritverbrauch um rund 0,5 Liter/ 100 km.

Im Jahr 2013 präsentiert Mercedes-Benz ein umfassendes Facelift. Das ist hier wörtlich zu nehmen. Der Kühlergrill steht fast senkrecht, zeigt gepfeilte und gelochte Lamellen, ist eingerahmt. Die Haube ragt höher auf und trägt markantere Bügelfalten. An die Stelle weit aufgerissener Glubschaugen treten schärfer geschnittene Scheinwerfer. Die vorderen Radläufe sind ebenfalls neu. Und der Stoßfänger sieht viel kräftiger aus. Sein Lufteinlass ist negativ geformt und lässt den Sprinter stämmig wirken.

Es geht nicht nur um Optik, auch um Inhalt: Motoren nach neuen Abgasstufen verlangen nach viel Kühlung und sie nach Platz hinter der Nase des Transporters. Unter dem Blech treten die bekannten Dieselmotoren an. Aber es gibt sie nun in zwei Abgasvarianten. Euro VI benötigt man für die gewichtigen Modelle, alle an-deren können getrost mit Euro 5 weiter-fahren. Leistungsstufen von 70 kW (95 PS) bis 120 kW (163 PS) für den Vierzylinder mit 2,15 Liter Hubraum sind ebenso identisch geblieben wie 140 kW (190 PS) für den feinen V6 mit 3,0 Litern. Aber sie laufen jetzt sanfter – Mercedes-Benz hat an Einspritzung, Verbrennung und Ladedruck geschraubt.

Wer zu Euro VI greifen muss oder will, der muss sich mit dem Zuschlagstoff Adblue auseinandersetzen. 18 Li-

So könnte es weitergehen: Der Sprinter soll für eine zweite Lebenshälfte ein markanteres Gesicht bekommen.

Er bleibt ein Einzelstück: batterieelektrisch angetriebener Sprinter auf der IAA 2012.

2013: Das zweite Gesicht, Tieferlegung, Spartechnik und neue Assistenzsysteme.

ter fasst der Behälter tief unten im Motorraum. Für den Verbrauch des Sprinter nennt Mercedes Fabelwerte von bis zu 6,3 Liter/100 km. Verantwortlich dafür sind vor allem die Aggregate hinter dem Motor. Das Schaltgetriebe enthält nun ebenso Leichtlauföl wie die Hinterachse. Sie arbeitet jetzt reibungsärmer. Generatormanagement lässt die Lichtmaschine bevorzugt im Schubbetrieb und beim Bremsen arbeiten, die elektrische Kraftstoffpumpe verfügt über eine variable Förderleistung.

Zur Wirtschaftlichkeitsrechnung zählen auch Wartungsintervalle von nunmehr bis zu 60 000 Kilometern. Und ein abgesenktes Fahrwerk, es verbessert die Aerodynamik. Gleichzeitig lässt es den Sprinter satter auf der Straße sitzen. Komfortabel bleibt er trotzdem, er hat nach ersten Fahreindrücken jedoch sein mitunter magenunfreundliches Schaukeln abgelegt. Das 30 Millimeter niedrigere Fahrwerk hilft ebenfalls beim Ein- und Aussteigen sowie beim Be- und Entladen. Wer Feldwege und Baustellen befährt, bekommt den Transporter wahlweise unverändert in der höheren Ausführung zugunsten der Bodenfreiheit.

Noch mehr auf Komfort getrimmt ist das überarbeitete Cockpit. Die Sitze sind komfortabler und ihr Stoff robuster. Es gibt ein neues Lenkrad – in der Multifunktionsvariante mit verchromten Speichen – und eine modernisierte Unterhaltungselektronik.

Auch beginnt die große Zeit der Assistenzsysteme. Der Seitenwind-Assistent ist serienmäßiger Teil des ESP. Im Bruchteil einer Sekunde greift er bei Böen ein und hält den Sprinter mit leichten Bremseingriffen in der Spur. Der optionale Abstands-Warnassistent. Er informiert bei einem zu geringen Abstand und vor einer drohenden Kollision. Mit Hilfe des Bremsassistenten lässt sich die notwendige Bremskraft zur Vermeidung eines Unfalls dosieren. Der Spurassistent warnt abgelenkte Fahrer rechtzeitig vor einem unfreiwilligen Verlassen der Fahrbahn. Der Totwinkel-Assistent mit Warnlampe im Außenspiegel alarmiert den Fahrer, falls er im Außenspiegel ein benachbartes Auto übersieht. Dann wäre da noch der Fernlicht-Assistent. Er schaltet bei vorausfahrenden oder entgegenkommenden Fahrzeugen automatisch von

Vom 4x4 zum 6x6: Spezialist Oberaigner trimmt den Transporter zum spektakulären Allesüberwinder.

Ebenfalls spektakulär: Sprinter City 77, Dreiachser mit 8,6 Meter Länge.

Fern- auf Abblendlicht zurück. Ein Fall für Fahrer mit hohem Landstraßenanteil.

2014 nimmt Mercedes-Benz erneut die Reisemobilbranche aufs Korn. Als Hebel sucht sich die Marke mit Hymer ein Schwergewicht der Branche aus. Ergebnis eines gemeinsamen »Innovationstages« im November ist das erste Reisemobil mit Seitenwind-Assistent, das ist überschaubar. Aber im Hintergrund tut sich was. Man munkelt, dass VW den Crafter auf eigene Beine stellt, dass ein Sprinter-Werk in den USA auf dem Programm steht, also müssen in wenigen Jahren zusätzliche Stückzahlen für die hiesigen Werke her – die aufstrebende Reisemobilbranche passt zur Marke.

Im lässt Mercedes-Benz die Katze aus dem Sack: In Charleston/USA soll das nächste Sprinter-Werk errichtet werden. Baubeginn ist 2016, das lässt auf einen gleichzeitigen Modellwechsel mit einem Fertigungsstart 2018 schließen.

Wie lässt sich die Zwischenzeit füllen? Mit Fantasie, hier dem »Vision Van« auf der IAA 2016 und kurz darauf auf der Messe CES in Las Vegas. Nach Vorstellung von Mercedes-Benz bildet der Paketdienst-Transporter von morgen die Spinne im Netz eines hochkomplexen und effizienten Logistiksystems. Er fährt elektrisch, unterstützt seinen Fahrer durch einfaches Be- und Entladen und nutzt Drohnen für die Zustellung auf der letzten Meile. Und Mercedes-Benz bietet dann viel mehr als die passenden Transporter an.

Die Fracht zum Beispiel lagert im Heck auf standardisierten Ladungsträgern aus Aluminium sowie Regalsystemen aus Karbon, die exakt an die Konturen des Laderaums angepasst sind. Die fertig konfektionierten Regale werden in einem Arbeitsvorgang durch fahrerlose Transportsysteme in den Transporter verladen. Eine Steuerungssoftware legt präzise die Verteilung der Sendungen in den vorkonfektionierten Regalen und die Art der Zustellung fest sowie die genauen Haltepunkte des Transporters. Am Ziel drückt ein Hubarm im Laderaum dem Zusteller das passende Päckchen in die Hand, er nutzt dazu eine Durchreiche in der Trennwand zum Fahrerhaus. Im gleichen Schritt werden zwei Drohnen auf dem Dach des Transporters mit den ebenfalls vorbereiteten Transportboxen bestückt.

Die Plattform dieser Zustellung ist ein Transporter von übermorgen im Sprinter-Format. Das Cockpit zum Beispiel trans-portiert den extrem funktionellen und re-duzierten Zuschnitt eines hochspezialisier-ten KEP-Transporters in die Zukunft. Mit Drive-by-Wire-Steuerung per Joystick,

Aufgelastet: Sprinter als Hilfsgruppen-Löschfahrzeug mit 5,5 Tonnen Gesamtmasse.

Roboter als Paketverteiler? Jede Menge Ideen für für Paketdienste von morgen.

bogenförmiger Armaturentafel ohne klassische Instrumentierung, LED-Anzeigen im ebenen Boden mit Signal, ob die Bürgersteigseite frei ist. Die Verpackung des Vision Van zeigt konvexe Flächen. Besonders markant ist die seitlich weit umgreifende Frontscheibe in Form eines Visiers. Kameras ersetzen die Außenspiegel. Zwischen den scharf geschnittenen LED-Scheinwerfern erstreckt sich statt des gewohnten Kühlergrills eine schwarze Fläche in Form einer Plakette. Der E-Motor leistet 75 kW, eine modular aufgebaute Bestückung mit Batterien sichert eine Reichweite bis zu 270 Kilometern. Der Mercedes Vision Van zeigt, was geht.

Unter dem Begriff »Advance« versammelt die Marke derweil allerhand Neuigkeiten zum Thema Vernetzung und digitale Dienstleistungen. An der Schnittstelle zwischen Fahrzeug und Logistik will sich die Marke nicht von Softwarefirmen die Butter vom Brot nehmen lassen. Droht doch die Gefahr, dass Automobilhersteller zu Fahrzeugzulieferern degradiert werden. Zehn Jahre nach seiner Geburt legt aber auch der Sprinter noch einmal zu. Nicht nur an Stückzahlen, da eilt er von Rekord zu Rekord. Auch mit einer neuen Variante mit 5,5 Tonnen zulässiger Gesamtmasse. Die Ingenieure versteifen den Rahmenvorbau, nutzen aus dem Regal für hohe Beanspruchungen Federn, Stoßdämpfer und Stabilisatoren. Die zulässigen Achslasten von nun 2,1 Tonnen vorne und 3,6 Tonnen hinten deuten indes mit eher schmalen Reserven für ungleichmäßige Lastverteilung von Aufbauten und/oder Fracht auch auf die Grenzen des Konzepts hin – mehr geht nicht. Gleichzeitig stellt Mercedes-Benz nun alle Motoren auf die Abgasstufen Euro 6/VI um. Das heißt SCR-Technik zur Abgasreinigung für alle und mehr Mumm. So staffeln sich die Vierzylinder jetzt mit 84 kW (114 PS), 105 kW (143 PS) und 120 kW (163 PS). Der einzigartige feine V6 bleibt unverändert. Sechsgang-Schaltgetriebe oder Siebengang-Wandlerautomatik, optional Allradantrieb, spritsparende Effizienzpakete, ein Benziner und Erdgasantrieb – LPG ist wieder draußen – was will man mehr?

Vielleicht einen neuen Sprinter, denn riesenlange Modellzyklen wie einst funktionieren bei ständig höheren

Anforderungen an Abgastechnik und Sicherheit, an Komfort und Fahrverhalten nicht mehr. Im November 2017 gibt Mercedes-Benz in schon gewohnter Weise erste Hinweise, präsentiert eine Designstudie, das nächste Cockpit, Details zum künftigen eSprinter sowie einen Kokon aus Dienstleistungen. Das Sprinter-Rad, es dreht sich unaufhörlich und schwungvoll weiter.

Sprinter Vision Van 2016: Drohne auf dem Dach, E-Antrieb, drahtige Karosserie.

2012: Mercedes-Benz Citan, der verhaltene zweite Start bei den Stadtlieferwagen

Kein Neueinstieg in ein Fahrzeugsegment ist ohne Vorgeschichte. Da wäre bei den Lieferwagen der Fehlversuch mit dem Vaneo. Und dann ein ganz großes Ding. Im April 2010 verkünden die Konzernchefs Dieter Zetsche (Daimler) und Carlos Ghosn (Renault-Nissan Allianz) in Brüssel eine weitreichende Zusammenarbeit. Es geht um Motoren und den Austausch von Fahrzeug-Plattformen, um Kleinwagen. Es wird sich zeigen: Nicht alles, was zusammenwächst, gehört auch zusammen. Manches dagegen nach längerem Anlauf schon. In einer Mitteilung heißt es: »Die Unternehmen haben sich außerdem auf eine enge Kooperation im Segment der leichten Nutzfahrzeuge geeinigt. Mercedes-Benz Vans wird in diesem Zusammenhang sein Portfolio ab 2012 um ein komplett neues Einstiegsmodell erweitern, das für den kommerziellen Einsatz vorgesehen ist. Die technische Basis dieses Stadtlieferwagens wird von Renault stammen, die Produktion des Fahrzeugs erfolgt im Renault-Werk in Maubeuge, Frankreich.«

Das »neue Einstiegsmodell« ist ein Stadtlieferwagen, für den Privatgebrauch ein Hochdachkombi. Er basiert auf dem Verkaufsschlager Renault Kangoo. Der Franzose ist zu diesem Zeitpunkt bereits zwei Jahre im Geschäft. Das bedeutet: Mercedes-Benz muss sich mit seinem Lieferwagen an ein bestehendes Konzept anhängen. Grundlegende Eingriffe sind daher für eine Variante mit Stern nicht drin, aber es soll trotzdem so viel Mercedes-Benz wie möglich im neuen Ableger stecken. Auch trommelt das Unternehmen laut für die Baureihe, schließlich bewegt man sich auf einem neuen und von zahlreichen Wettbewerbern bereits gut besetzten Terrain.

Im Februar 2012 verkündet Mercedes-Benz im Rahmen einer Veranstaltung im Designcenter in Sindelfingen den

Beliebtes Motiv um potenzielle Interessenten einzustimmen sind Wintertests mit Prototypen. Hier tollen drei getarnte Citan durchs winterliche Skandinavien.

2012: Citan

Mit diesen Zeichnungen macht Mercedes-Benz vorab neugierig auf den Citan.

Namen: Aus den Begriffen »City« und »Titan« resultiert die Wortschöpfung Citan. Obacht: Glaubt man der griechischen Mythologie, entsprangen die mächtigen Titanen als Götter recht komplizierten und teils anrüchigen Familienverhältnissen. Auch manch eingefleischter Mercedes-Fahrer wird die Herkunft des Citan als zweifelhaft empfinden. Einen Monat später folgen Bilder getarnter Modelle von der Winterfahrerprobung und rudimentäre Informationen. Im April schließlich ist der Citan als 3D-Modell auf der Nutzfahrzeugmesse RAI Amsterdam zu sehen. Die Weltpremiere für die Presse erfolgt abseits davon. Das Publikum wird den Citan erst im Herbst 2012 auf der IAA zu Gesicht bekommen.

Eingeweihte verraten: Bevor die Bosse im Jahr 2010 die Ehe zwischen Daimler und Renault-Nissan besiegeln, sind hinter den Kulissen schon seit einem Jahr die Vorbereitungen für den neuen Mercedes Citan im Gange. Die Metamorphose vor allem der Frontale ist verblüffend: Die Mercedes-Designer haben dem französischen Lieferwagen wo es ging die für ihn so typischen Rundungen ausgetrieben. Sie verleihen dem Citan ein markentypisch scharf geschnittenes Gesicht, Kontrast zum rundgelutscht-weich geformten Kangoo. Ein großer Stern inmitten der drei dynamisch gelochten Kühlerlamellen zeigt unübersehbar, wer da kommt. Die Motorhaube zeigt Ecken und Kanten, ebenso der Stoßfänger mit trapezförmigem Lufteinlass. Wer an stämmige Geländewagen denkt wie den Mercedes GLK, liegt nicht verkehrt. Entspricht der knubbelige Kangoo dem Kindchenschema, so gibt der Citan den Macho.

Bullig und selbstbewusst tritt er auf, trägt die markante Nase hoch. Dahinter können die stark gebogene A-Säule und abgerundete Fensterausschnitte mit ihren sanften Linien die französische Abstammung nicht verleugnen – harmonisch ist anders. Aber die Mercedes-Außenspiegel kennen wieder klare Kante. Und auch das Heck mitsamt Leuchten und einer streng symmetrisch-deutschen Heckklappe ist eigenständig. Der Citan mit Heckflügeltüren

Dynamisch-fantasievoller Auftritt mit riesigen Rädern. Aber die Variante mit Heckflügeltüren musste in der Realität auf den Zentralstern verzichten.

Die ersten Zeichnungen des Citan-Cockpits zeigen mit geschwungenen Formen und markanten Luftdüsen viel Pkw-Verwandtschaft, später ging's dann etwas sachlicher zu.

Gemischter Fuhrpark: Citan Kombi, Kastenwagen und Kasten ganz lang vereint.

muss hinten jedoch auf den Stern verzichten – er ist nicht mittig unterzubringen, das schickt sich nicht für einen Mercedes.

Drinnen empfängt den Fahrer ein neues Cockpit. Im Unterschied zum Kangoo baut sich der Instrumententräger wuchtig und recht düster auf, mauert den Citan-Lenker fast ein. Zwar tragen die Instrumente Mercedes-Zifferblätter, aber die Entwickler haben die orangefarbige Beleuchtung übernommen. Zusammen mit neuen Luftdüsen und Drehreglern der Klimatisierung – aus dem Renault Master – schaffen die Designer ein halbwegs eigenständiges Ambiente. Der Ingenieurs-Lenkstockhebel links ist ebenso typisch Mercedes-Benz wie der etwas tief angebrachte Lichtschalter oder der Schaltknauf. Etwas fremd wirken die quadratischen Tasten – hier hat sich Mercedes selbst überholt, man wird sie künftig in weiteren Modellen des Hauses entdecken. Insgesamt geht es recht schlicht und schmucklos zu.

Bei der Materialqualität lässt sich Mercedes-Benz nicht lumpen: Das Cockpit trägt eine lederähnliche und griffsympathische Oberfläche, viel angenehmer als die Hartplastik-Schraffur des Renault. Jene aber taucht als Türverkleidung des Citan auf – der Rotstift regiert auch bei einem Lieferwagen mit Stern. Die Renault-Teile mit borkiger

Weltpremiere: Wenn Mercedes-Benz ein neues Segment erschließen will, ist Aufmerksamkeit sicher.

Wuchtiges eigenständiges und etwas düsteres Cockpit, Instrumente und Bedienungselemente mit Renault-Anleihen.

Fahrer hinter Gittern: Mit wenigen Handgriffen lässt sich der Laderaum erheblich verlängern.

Oberfläche und Mercedes-Benz-Elemente mit Lederoptik harmonieren nicht recht. Aber Harmonie kommt in einem Lieferwagen erst an nachgeordneter Stelle. Bei den Sitzen hat Mercedes-Benz nicht gespart: zwar französisch-kurz, aber deutsch gepolstert, ausgeformt und bezogen, ein Platz zum Wohlfühlen. Markentypisch ist der Stoff, auch griffsympathisch. Woher die Krückstock-Handbremse stammt, erkennt wiederum jeder.

Typisch Citan: eigenständiges Gesicht à la Mercedes-Benz, dahinter folgen die rundlichen Formen des Kangoo.

Stretch-Limousine: Extralanger Citan 111 CDI als Mixto mit Doppelkabine plus einem ansehnlichen Frachtabteil.

Alleskönner: Citan Kombi für den Transporter von Personen und/oder Fracht.

Nur zu gern deuten die Ingenieure Qualitätsunterschiede zugunsten des Citan an: Zwischen Vorbau und Motorhaube muss hier keine Gummilippe einen breiten Spalt schließen, die Türen sitzen schon bei den ersten Autos nach Maß. Im Laderaum soll bessere Lackqualität deutlich werden. Transporterchef Volker Mornhinweg verspricht: »Ein Team von Mercedes-Spezialisten wird jeden Citan abnehmen, der vom Band kommt.«

Zum Einsatz kommt die neueste Motorengeneration. Im Mittelpunkt steht der Turbodiesel mit 1,5 Liter Hubraum, er leistet hier wie dort wahlweise 55 kW (75 PS), 66 kW (90 PS) oder – mit etwas Verspätung ab dem Folgejahr – 81 kW (110 PS). Die Ingenieure haben der Maschine per Kennfeldänderung mehr Biss verliehen. Dazu hat das Aggregat von Hause aus einen angenehmen Charakter. Es zieht klaglos aus 1000 Touren, dreht bei Bedarf hinauf bis 5000 Umdrehungen, arbeitet ebenso laufruhig wie lebendig. Spritsparer bestellen den Citan als »Blue Efficiency«. Teil des Öko-Pakets ist eine Start-Stopp-Einrichtung. Ebenfalls 2013 gesellt sich ein Benziner hinzu, mit 84 kW (114 PS) Leistung. Er verfügt wie der kräftigste Diesel über ein Sechsgang-Schaltgetriebe, bei den schwächeren Varianten übernehmen fünf Gänge die Kraftübertragung auf die angetriebenen Vorderräder. Von einer Automatik oder einem automatisierten Getriebe ist zunächst nicht die Rede.

Stolz sind die Mercedes-Entwickler auf die eigene Fahrwerksabstimmung. Durchmesser der Drehstab-Stabilisatoren erhöht, Federn verkürzt und andere Federrate, neue Dämpfercharakteristik. Leer fährt der Citan als Kastenwagen straff, aber nicht überhart. Beladen sacken

Citan mit Wow-Effekt, von vorn bis hinten aufgebrezelt von Autoveredler Brabus.

die Schraubenfedern der Verbundlenker-Hinterachse deutlich ein, werden dem Citan die Knie weich, arbeitet die Verbundlenker-Hinterachse heftig. Der Citan bleibt beherrschbar, das serienmäßige ESP lässt bei schneller aber ruhiger Fahrweise viel Raum. Teilbeladen befindet sich der Citan in seinem Element, federt verbindlich, benimmt sich sehr manierlich. Nur die elektrisch unterstützte Lenkung wirkt in Mittellage etwas nervös, eine saubere Linie bekommen Fahrer nicht auf Anhieb hin. Trotzdem werden Unterschiede deutlich: Den Citan fährt man, während man im Kangoo eher gefahren wird. Falls es der Fahrer zu toll treibt, greift sanft zügelnd das fein abgestimmte ESP ein. Es ist schon beim Kastenwagen serienmäßig an Bord.

Das Modellprogramm aber ist zwangsläufig französischer Abstammung. Mercedes-Benz übernimmt alle drei Längen, die neue Nase streckt den Citan indes um rund zehn Zentimeter auf 3,94 sowie 4,32 und stattliche 4,71 Meter. Die mittlere Länge fährt auch als fünfsitziger Kombi vor, die XXL-Ausführung auf Wunsch als Mixto mit Fondsitzbank und Trenngitter zum Laderaum. Im Jahr nach der Premiere folgt der Kombi extralang mit bis zu sieben Sitzplätzen. Je nach Ausführung beläuft sich die zulässige Gesamtmasse auf 1,8 bis 2,2 Tonnen. Spezialitäten wie ein Baustellenpaket mit erhöhter Bodenfreiheit, den Schwenksitz für den Beifahrer mit klappbarer Gittertrennwand oder Leiterklappe hinten im Dach kennt man aus dem Kangoo-Programm. Die Betriebsanleitung bezieht eindeutig Position: »Willkommen in der Welt von Mercedes-Benz.«

Zu ihr zählen auch Sonderausbauten. Im ersten vollen Produktionsjahr 2013 wird bereits jeder siebte Citan umgebaut oder neu eingerichtet. Mercedes-Benz präsentiert auf dem »Tec-Forum Citan« eine ganze Flotte. Ob Taxi, Polizeiwagen, Einrichtungen für Handwerker, grell beklebtes Flughafen-Vorfeldfahrzeug oder vom Veredler verfeinertes Exterieur und Interieur, der Citan macht alles mit. Das betrifft auch Umbauten auf Fahrhilfen für Menschen, die in ihrer Mobilität eingeschränkt sind. Ob Drehknauf für

2013 dokumentiert Mercedes-Benz die Leistungsfähigkeit anhand einer Großflotte.

das Lenkrad, Pedalerhöhung, Verlegung des Gaspedals – zahlreiche Handicaps können ausgeglichen werden.

Und die Entwicklung geht weiter. Im Herbst 2015 präsentiert Mercedes-Benz frisch gesäuberte Dieselmotoren, bei unveränderter Leistung steigen die Drehmomentwerte um jeweils 20 Nm. Der Benziner legt sogar um 30 Nm zu. Er ist nun auf Wunsch mit einem Sechsgang-Doppelkupplungsgetriebe zu bekommen. Die Instrumente zeigen eine neue Grafik, der Handbremshebel eine andere Form, ein Griff innen an der Heckklappe hilft

beim Schließen. Die langen Pkw-Varianten erhalten auf Wunsch Kipp-Dachfenster über den Vordersitzen und der Kastenwagen einen Doppelbeifahrersitz. Es gibt ein Navigationssystem und eine Rückfahrkamera. Und einen neuen Namen: Der Kombi heißt nun Tourer.

Dieser Tourer profitiert Anfang 2019 von einer neuen Motorengeneration. Der 1,5-Liter erhält eine neue Abgasrückführung, einen neuen Ladeluftkühler, einen leichteren Motorblock. Das Einspritzsystem arbeitet mit erheblich größeren Drücken und elektromagnetisch ge-

Erinnert an die Hunderasse Hush Puppie: extralanger Citan, Beispiel Siebensitzer.

Glück muss man haben: Citan mit Motivlackierung zum Tag des Schornsteinfegers 2019.

steuerten Injektoren, die Abgasreinigung zusätzlich mit SCR-Katalysator. Die Leistungsstufen lauten nun 59 kW (80 PS), 70 kW (95 PS) und 85 kW (116 PS). Ab dem Sommer übernehmen auch die Kastenwagen das neue High-Tech-Triebwerk. Zur inneren kommt eine äußere Aufwertung mit dem wahlweise angebotenen Designpaket »Red«. Es setzt sich aus Dekorstreifen sowie Chromschmuck für Kühlermaske und Heck zusammen. Für den Innenraum sind zwei neue Optik-Pakete mit roten oder verchromten Zierelementen im Angebot.

Im Herbst des Jahres 2019 putzt Mercedes-Benz den Citan zum »Tag des Schornsteinfegers« heraus. Als wahrer Glücksbringer entpuppt er sich indes nicht, seine Stückzahlen dümpeln seit dem Start eher im unteren fünfstelligen Bereich. Von wegen Titan für die City. Wenn man der Sage glauben darf, nahm es mit den Titanen ein unrühmliches Ende: Sie verloren den Kampf zwischen den griechischen Göttern und wurden in die Unterwelt verbannt.

Das aber hat Mercedes-Benz nicht vor. Im August 2019 Sommer verkündet die Marke eine Nachfolgeregelung für den Citan. Verspricht eine Neuentwicklung des Stadtlieferwagens einschließlich einer vollelektrisch angetriebenen Variante sowie eine markentypische Identität. Fortsetzung folgt, erneut im Verbund mit Renault und

Nissan, der inzwischen um Mitsubishi erweitert wurde. Nun ist Mercedes-Benz von Beginn an dabei, das bedeutet viel mehr Einfluss.

Und die »enge Kooperation im Segment der leichten Nutzfahrzeuge«? In der zweiten Hälfte des Jahrzehnts steigt Mercedes-Benz mit der X-Klasse schwungvoll bei den Pickups ein – und schnell wieder aus. Erfolgversprechender, ist die Frontantriebseinheit von Renault für eine günstige Einstiegsvariante des Transporters Vito im gleichen Zeitraum. Kurz darauf sind die damaligen Konzernchefs Geschichte – mit mehr (Ghosn) oder weniger (Zetsche) spektakulären Abgängen. Die Partnerunternehmen lösen im Jahr 2021 die gegenseitige Kapitalverflechtung auf. Sie ist für eine Zusammenarbeit unnötig, auch können die Unternehmen die Verkaufserlöse in Zeiten der aufwendigen Transformation zur Elektromobilität sowie der Corona-Pandemie und wackeligen Lieferketten gut an anderer Stelle einsetzen. Zum Beispiel für den Citan II.

Ein tierischer Lieferwagen: Citan im Serengeti-Park nach Übernahme einer Patenschaft.

2013: die zweite Generation V – von V-Klasse, Vito, EQV und dem eVito

Neue Baureihen kündigt Mercedes-Benz Vans inzwischen gerne mit Vorlauf an. So auch im Oktober 2013. Es lohnt sich, bei der neuen Doppelbaureihe aus Transportern und Vans wird vieles anders. Jetzt gibt es keinen neuen Vito mit einem Van oder »Großraumfahrzeug« als Ableger. Jetzt ist zunächst die neue V-Klasse an der Reihe. Die Bezeichnung deutet es an: Das Parallelmodell zum Vito ist wieder ehrenvoll in den Kreis der Pkw aufgenommen worden. Und bereits mit dem Frühstart betont sie ihre Eigenständigkeit. V-Klasse, bloß kein Transporter mit vielen Sitzen.

So formuliert es Mercedes-Benz im Herbst 2013: »Der Nachfolger des Viano tritt ab 2014 als neues und größtes Mitglied der Mercedes-Benz Personenwagen-Familie an – und daher auch mit dem klaren Anspruch, die Maßstäbe in seinem Segment neu zu definieren.« Und dann geht es los: »hochwertige Materialien«, »hohe Wertanmutung«, »Qualität und Ästhetik auf einem neuen … Niveau«.

Und tatsächlich, das Cockpit ist eine Pracht, formal, farblich, in seinen Materialien. Von wegen Transporter. Und auch der Vorgänger ist ganz weit weg. Typisch sind die Bedienelemente wie das freistehende Zentraldisplay, runde Lüftungsdüsen, Lenkstockhebel und Schaltwippen bei Automatikgetriebe, der Dreh-Drück-Steller in der Mittelkonsole. Drei Temperaturzonen bei Klimatisierungsautomatik, Kühlluftverteilung links/rechts abhängig vom Sonnenstand, hinten eine separat von der Heckklappe zu öffnende Heckscheibe mit zweiter Ladeebene dahinter. Ein modernes Infotainment und schließlich ein ganzes Bündel Assistenzsysteme. So macht man Appetit.

Ende Januar 2014 bittet Mercedes-Benz dann bei der Premiere zu Tisch. Weiterhin liegt die Konzentration auf

Zurück zur V-Klasse: Das neue Modell hat sich die Bezeichnung wieder verdient. Die Grundkonstruktion basiert auf dem Viano, Verpackung und Inhalt sind neu.

2013: Vito 3 und V-Klasse 2

Mercedes-Benz mag es gerne prächtig, die neue V-Klasse präsentiert sich daher markentypisch luxuriös.

Auch im Fond der V-Klasse geht es mit verschiebbaren Einzelsitzen zu wie in einer edlen VIP-Lounge auf Rädern.

der fein herausgeputzten V-Klasse, von einem Vito ist noch keine Rede. Trotzdem fährt er in Gedanken mit, denn seine Ausgangsbasis ist identisch.

Beim Design hat Mercedes alle Register gezogen: Das Gesicht mit großem Grill, üppigem Stern und leicht geblähten Nüstern, es passt zur aktuellen Pkw-Linie. Die V-Klasse guckt auf Wunsch durch LED-Scheinwerfer. Die stattliche Karosserie trägt die für Mercedes typischen Seitenfalten. Hinten mündet sie in der optional elektrisch öffnenden Heckklappe.

Das Maßkonzept ist geblieben, es gibt die V-Klasse in drei Längen auf der Basis von den beiden unveränderten Radständen von 3200 und 3430 Millimetern. Die Karosseriebreite liegt ebenso wie die Höhe weiterhin unter zwei Meter. Dass die Länge um 13 Zentimeter gewachsen ist, liegt an Sicherheitsvorkehrungen, die Generation V misst zwischen 4,90 und 5,37 Meter. Mercedes-Benz vermutet die mittlere Länge von 5,14 Metern als Bestseller.

Sicht- und spürbare Qualität stand bei der Entwicklung im Vordergrund. Wer die frischen Modelle wie C und A mit Stern kennt, der fühlt sich gleich zuhause. Das Cockpit wogt schwungvoll, von Armaturen-»brett« zu sprechen verbietet sich. Mercedes-Benz mag's ja gern etwas prächtiger und opulenter, das zeigt sich in reichlich Chrom sowie der Beschichtung der Oberflächen.

So üppig das Cockpit ausfällt, so schlicht geht es unter der Motorhaube zu. Hier konzentriert sich Mercedes auf den bekannten Vierzylinder-Diesel mit 2,15 Liter Hubraum. Raus ist der Benziner, raus ist der Sechszylinder. Aber der Vierzylinder darf jetzt zeigen, was er anderswo in den Personenwagen schon kann. Die Leistungsstufen heißen 100 kW (136 PS) im V 200 CDI, 120 kW (163 PS) im V 220 CDI und nun sogar 140 kW (190 PS) im V 250 Bluetec mit SCR-Technik. Das bedeutet mehr Mumm für die unteren Varianten und bisherigen Sechszylinderschmalz für die Top-Ausführung. Bei drastisch gesenktem Normverbrauch von rund sechs Litern. Ob er an guten Tagen zu erreichen ist, muss sich zeigen. Der Tank jedenfalls ist schon um fünf auf 70 Liter Volumen geschrumpft. Und es gibt ein ganzes Bündel von Spritsparmaßnahmen von langen Achsübersetzungen über Start-Stopp-Technik bis zur geregelten Kraftstoffpumpe. Alternativ zum Sechsgang-Schaltgetriebe liefert Mercedes-Benz eine Siebengang-Automatik, bedient über Lenkstockhebel und Schaltpaddel. Die hochmoderne neue Neungang-Automatik bleibt den feinen Pkw mit Stern vorbehalten. Neu ist in Verbindung mit Automatik die Auswahl aus vier Fahrprogrammen.

Macht hoch die Tür: Heckfenster auf, Gepäck hinein. Oder Ausguck für den Nachwuchs.

Unter dem eleganten Kleid steckt bei V-Klasse und Vito unverändert ein Fahrwerk mit McPherson-Federbeinen vorn und einer Schräglenker-Hinterachse. Verschwunden ist jedoch die optionale Luftfeder hinten. Mercedes setzt stattdessen auf eine variable frequenzabhängige Dämpferabstimmung.

Darüber hinaus beschützt ein Rudel von Assistenzsystemen Fahrzeug und Fahrer. Über ESP und Spurhalte-Assistent muss man kein Wort mehr verlieren, Seitenwind- und Aufmerksamkeits-Assistenten kennt man seit dem vergangenen Jahr vom Sprinter. Auch den Kollisionswarner mit adaptivem Bremsassistenten, in der V-Klasse fehlt ebenfalls der automatische Bremseingriff. Neu für Transporter sind der aktive Park-Assistent – Gas geben genügt – und eine 360-Grad-Ansicht beim Rangieren. Der Abstandsregeltempomat bremst bis zum Stillstand, ein Lichtsystem passt die Leuchtweite dem Tempo und der Verkehrssituation an. Der Verkehrszeichen-Assistent registriert Überholverbote, Geschwindigkeitsbegrenzungen und warnt vor Einfahrverboten.

Gleiche Basis, aber sachlich-nüchterner: Der neue Vito muss sich schließlich im harten gewerblichen Einsatz bewähren.

Das Grundraster aus Radständen und Längen bleibt, das wenig gefragte Hochdach entfällt.

Das Cockpit des Vito unterscheidet sich deutlich von jenem der V-Klasse. Auffällig ist die klotzig-funktionelle Mittelkonsole.

»Midsize-Van«, mit diesem Begriff umkurvt Mercedes-Benz den Namen der Klasse, in der man sich wenige Monate später mit dem neuen Vito bewegt. Denn »Transporter« ist üblicherweise ein Synonym für den Wettbewerber. Der neue Vito soll das Blatt wenden. Wobei »neu« eine Definitionssache ist, denn ebenso wie bei der V-Klasse haben sich Radstände, Tür- und Laderaummaße nicht verändert, da ist er ganz der Alte. Um das Kernsegment mit 2,8 und 3,0 Tonnen Gesamtmasse gruppieren sich ab- und aufgelastete Ausführungen mit 2,6 und 3,2 Tonnen. Beibehalten hat Mercedes-Benz die drei Längenvarianten. Gestrichen dagegen das Hochdach. Optisch wenig gelungen, hatte es wenig Nachfrage gefunden.

Unverkennbar sind Mercedes Vito und V-Klasse Zwillinge, wenn auch zweieiige. Die Karosserie ist weitgehend identisch, und doch trennt beide Baureihen viel voneinander. So tritt der Vito als Nutzfahrzeug nüchterner auf. Stoßfänger mit Kühllufteinlass und der Grill mit gelochten Lamellen orientieren sich am Lkw-Design von Mercedes-Benz. Die Scheinwerfergehäuse sind aber identisch, es fällt kaum auf. Und die robusten unlackierten Stoßfänger stehen dem Vito sogar richtig gut. Vorne hat er wie die V-Klasse an Länge zugelegt, das verlangt der Fußgängerschutz.

Entscheidende Unterschiede gibt es unter dem Blech, denn nur der Vito fährt in seinen Basisausführungen mit

Vorderradantrieb und Quermotor vor. Das senkt das Gewicht und vor allem die Kosten. Nur beim Wendekreis muss man Obacht geben, er fällt deutlich größer aus. Und mit schweren Anhängern hat's der Fronttriebler auch nicht. Der Motor, ein kompakter Turbodiesel mit 1,6 Liter Hubraum wird einschließlich Getriebe als Antriebseinheit von Renault zugeliefert wird. Mit einer Leistung von 65 kW (88 PS) und 84 kW (114 PS) arbeitet die Maschine in typischen Handwerkerregionen. Mercedes-Benz legt Wert darauf, dass eine eigene Motorsteuerung zum Einsatz kommt und vielerlei herum den Stahlklotz. Deshalb darf er auch die Mercedes-Benz-Bezeichnung OM 622 tragen.

In Verbindung mit Hinterradantrieb steckt längs eingebaut der bestens bekannte 2,15-Liter aus dem eigenen Haus unter der Motorhaube. Leistungsstufen von 100 kW (136 PS), 120 kW (163 PS) und nun sogar 140 kW (190 PS) lassen keine Wünsche offen. Auf den bisher angebotenen Sechszylinder kann Mercedes-Benz im Transporter getrost verzichten.

Der stärkste Motor ist auch das erste Triebwerk dieser Klasse nach Abgasstufe Euro 6. Wie zu erwarten, erreicht es die scharfen Bestimmungen mit SCR-Technik und Adblue-Zugabe. Der Muskelprotz liefert ebenfalls die Basis für den Vito 4x4, also das dritte Antriebssystem. Er wird ein Jahr später an den Start gehen. Bei diesem Vito fürs Grobe und allen Varianten mit dem kräftigsten Diesel gehört auch die siebenstufige Wandlerautomatik zur Serienausstattung. Sie ist für die anderen Hecktriebler optional zu bekommen.

Wie inzwischen schon gewohnt, verbrämt Mercedes den Antrieb mit allerhand Spritspartechnik. Sechsganggetriebe sind ebenso selbstverständlich wie geregelt arbeitende Nebenantriebe. Nach Norm reicht der Vito an Bestwerte heran, mit Blue-Efficiency-Paket und Hinterradantrieb soll er gar 5,7 Liter/100 km im Mix erreichen. Mercedes vertraut auf die Niedrigwerte, sonst würde man den Vito nicht serienmäßig mit einem kleinen Tank ausliefern: Er fast nur 57 Liter. Und der E-Antrieb? Der legt im Rahmen des Modellwechsels zunächst eine längere Pause ein.

Eleganter Auftritt: Der Vito Tourer an der Nahtstelle zwischen Transporter und Van.

Drei Antriebssysteme kennzeichnen den Vito: Den Block des Vorderradantriebs für die Einstiegsvarianten (oben) übernimmt Mercedes-Benz von Renault. In der Mitte klassischer Hinterradantrieb. Unten schließlich die Allradvariante Vito 4x4.

Damit der Vito seine Kraft sicher auf die Straße bringt, hat Mercedes das ohnehin gute Fahrwerk nochmals verfeinert. Das betrifft eine elektromechanische Lenkung mit geschwindigkeitsabhängiger Unterstützung ebenso wie einen neuen Fahrschemel vorn und eine geänderte Feder und Dämpferabstimmung hinten. Außerdem profitiert der Vito von einer Vielzahl von Assistenzsystemen, die schon mit der V-Klasse eingeführt wurden.

Eher an den Sprinter als an die feine V-Klasse erinnert das Cockpit mit gepflegten Materialien, der Bedienung und vielfältigen Ablagen. Ein wenig klobig wirkt die Mittelkonsole, sie integriert im Unterschied zur V-Klasse das Radio im Großformat einschließlich Navi-Bildschirm. Mit dem luftig-leichten Cockpit der V-Klasse hat das nichts zu tun, hier steht Funktionalität im Mittelpunkt.

Auch im Fond hat sich die Welt weitergedreht: Aus dem schlichten Kombi mit mehreren Ausführungen ist die Modellfamilie des Vito Tourer geworden. Den gibt es als schlicht-robusten Tourer Base für Fahrgäste. Der Tourer Pro erfüllt bereits höhere Ansprüche an den Komfort. Mit hinterschäumtem Kunststoffboden und Seitenverkleidungen macht er sich gut als Shuttle oder gar Minibus. Der Tourer Select fährt als gepflegtes Taxi oder als Hotelbus vor. Er trägt außen lackierte Anbauteile und Leichtmetallräder, drinnen Teppichboden und eine verschiebbare Komfortbestuhlung. Trotzdem hält er in Ex- wie Interieur einen Sicherheitsabstand zur V-Klasse. Zwischen Kastenwagen und Tourer ist wie gehabt der Mixto mit Doppelkabine angesiedelt.

Noch im Premierenjahr bekommt die neue Doppelbaureihe weiteren Nachwuchs. Ende August feiert der neue Marco Polo seine Premiere. Er basiert wie der Vorgänger auf der mittleren Länge von nun 5,14 Metern und ist in zwei Varianten zu bekommen. Alle Marco Polo verfügen über ein Aufstelldach und ein Bett im Obergeschoss mit punktelastischer Federung. Einstiegsmodell ist der Marco Polo Activity auf Vito-Basis, ein vielseitiger Van für alle Tage mit Klappsitzbank, bis zu sieben Sitzen und Tischanlage. Der Activity ist wie der Vito in allen drei Antriebsvarianten zu bekommen.

Der klassische Marco Polo lehnt sich an die V-Klasse an und entpuppt sich nun als Luxus-Camper, dessen schickes Interieur in Materialien, Optik und Mehrfarbigkeit und einer Ambientebeleuchtung an eine feine Lounge erinnert. Der Grundriss mit Klappsitzbank im Heck sowie Küchen-

Traum-Campingbus für die Traumreise? So stellt sich Mercedes-Benz Urlaub vor.

und Schrankzeile in Fahrtrichtung links ist unverändert. Ebenso die elektrische Verstellbarkeit der Sitzplätze im Fond mit ihrem Einzelsitzcharakter. Den Ausbau übernimmt wie bisher der Traditionspartner Westfalia. Kurz darauf offeriert Mercedes-Benz dann Vito und V-Klasse auch mit einem eigens entwickelten Aufstelldach des Spezialisten SCA. Zielgruppe sind Ausbauer von Campingbussen.

Im November 2014 präsentiert Mercedes-Benz einen Ableger des Vito namens »Metris« für USA und Kanada. Dort eröffnet er ein neues Marktsegment, bisher standen in Nordamerika Transporter der Sprinter-Kategorie oder kompakte Lieferwagen im Mittelpunkt. Geliefert wird er aus dem Werk in Argentinien. Dem ersten dort gefertigten Vito/Metris der neuen Generation verleiht Papst Franziskus in seinem Heimatland seinen Segen. Die Motorisierung des Metris unterscheidet ihn von seinem europäischen Bruder: Unter der Haube arbeitet ein 1,9-Liter-Benziner mit 155 kW (211 PS) Leistung.

Anfang 2015 geht es mit dem 4x4 für V-Klasse und Vito als dritter Antriebsvariante nach Frontantrieb (nur Vito)

Campingbus war gestern, das Interieur des neuen Marco Polo stammt aus Designerhand und erinnert an ein nobles Appartement.

Argentinischer Papst am argentinischen Vito: prominenter Besuch für den ersten neuen Vito aus südamerikanischer Fertigung.

Drunter ein Plug-in-Hybrid, drinnen eine opulente Ausstattung: Beides fügt sich zu einem Konzeptfahrzeug.

und Hinterradantrieb los. Den Allradantrieb hat Mercedes-Benz nun integriert, weshalb der 4x4 weniger hochbeinig auf der Straße steht und die Zweimetermarke nicht mehr überschreitet. Die Antriebstechnik basiert auf dem Hinterradantrieb mit Wandler-Automatikgetriebe und elektronisch geregelter Kraftverteilung. Technologisch ist sie eng verwandt mit den Allradantrieben in Mercedes-Benz Pkw. Das Antriebsmoment wird im Verteilergetriebe durch ein Zentraldifferenzial im Verhältnis 45:55 an die Achsen geleitet. Die Verteilung der Antriebskraft übernimmt das Traktionssystem 4ETS im Zusammenspiel mit den Fahrdynamikregelungen ESP und ASR. Verlieren ein oder mehrere Räder die Bodenhaftung, bremst 4ETS sie individuell ab und leitet die Antriebskraft innerhalb von Millisekunden auf die Räder mit guter Traktion. Das Mehrgewicht beläuft sich auf lediglich 50 Kilogramm. Wie zuvor ist der 4x4 kein Heavy-Duty-Allradler. Aber ein Van/Transporter mit prima Traktion.

Auf dem Genfer Salon stellt Mercedes-Benz auf Basis der V-Klasse ein Konzeptfahrzeug mit komplizierter Bezeichnung vor: »Concept V-ision e«. Draußen gibt's Schmuck wie eine effektvolle Lackierung, drinnen eine famose Ausstattung mit viel schmeichelweichem Leder und elektrisch verstellbaren Executive-Sitzen mit Beinauflagen und Massagefunktion. Noch interessanter ist die Antriebstechnik: Die veredelte V-Klasse fährt als Plug-in-Hybrid vor. Sie kombiniert einen Vierzylinder-Benziner mit 155 kW (210 PS) Leistung und einen Elektromotor von 90 kW. Daraus resultiert eine Systemleistung von 245 kW (333 PS), sie lässt den Van in nur 6,1 Sekunden aus dem Stand auf 100 Sachen schnellen. Indes nicht allzu oft: Die Lithium-Ionen-Batterie hat eine überschaubare Kapazität von 13,5 kWh. Edel geht es im Herbst weiter, auf der IAA steht die V-Klasse AMG-Line. Sie übernimmt einige der Komfortausstattungen der Frühjahrsstudie und schmückt die V-Klasse zusätzlich mit neu gestalteten Front- und Heckschürzen, profilierte Seitenschweller-Verkleidungen und 19-Zoll-Leichtmetallrädern. Alles mündet hinten in einer zusätzlichen Abrisskante. Ein Jahr später wird auch der Marco Polo in dieser Weise aufgehübscht zu haben sein.

Zwischendrin fährt Mercedes-Benz eine ganze Flotte von Ausbauten des Vito auf. Die Spanne reicht vom Werkstattausbau über Kühlfahrzeuge und Taxis bis zu Campingbussen oder Einsatzfahrzeugen. Bei der V-Klasse kommen VIP-Fahrzeuge und Modelle zur Beförderung von Rollstuhlfahrern hinzu. Ebenso umgebaute Cockpits für Fahrerinnen und Fahrer mit eingeschränkter Mobilität in beiden V-Modellen. Alles umgesetzt von spezialisierten Ausbaubetrieben.

Edel geht es 2016 weiter: Mercedes-Benz stellt in Peking die V-Klasse aus chinesischer Fertigung aus dem Joint Venture Fujian Benz Automotive vor. Für die Ansprüche der chinesischen Kunden verfügt die V-Klasse über eine Vielzahl luxuriöser Ausstattungen, die Status ausstrahlen und ein repräsentatives, wohnliches Ambiente schaffen. Dazu gehören unter anderem das Panorama-Schiebedach, die große Mittelkonsole mit Kühlbox und Thermo-Getränkehaltern, klappbare Tische an den Rückenlehnen der Frontsitze und Luxus-Komfortsitze im Fond. Sie verfügen über eine elektrisch verstellbare Rückenlehne und Beinauflage, Sitzheizung und -klimatisierung sowie eine Massagefunktion – man erinnere sich an das Konzeptfahrzeug ein Jahr zuvor.

Anfang 2017 bekommt der Marco Polo Junge: »Horizon« tauft Mercedes-Benz den veredelten Marco Polo Activity als drittes Modell der Familie auf der Basis der feinen V-Klasse mit ihrem eleganten Cockpit. Strebt der Activity Horizon nach oben, so geht die V-Klasse Rise den umgekehrten Weg. Mit ihr stellt Mercedes-Benz eine neue Einstiegsausführung seines Vans auf die Räder.

Wichtiger aber ist ein neuer Anlauf zur Elektrifizierung. Ab November 2017 können Kunden den neuen eVito

Dicke Backen: rundum geschmückte V-Klasse AMG-Line ab dem Jahr 2015.

Die V-Klasse ist für alle da: umfangreiche umgebautes Cockpit für mobilitätsbehinderte Fahrer...

...edle Ausstattung des Fonds für wohlhabende chinesische Reisende mit Sitzen aus der Vorjahresstudie.

bestellen – geliefert wird er freilich erst in der zweiten Jahreshälfte 2018. Der batterieelektrische eVito ist der Start für die komplette Elektrifizierung aller Van-Baureihen. Mit seiner Leistung von 84 kW – später nennt Mercedes-Benz 85 kW – liegt der eVito nominell auf dem Niveau des Verbrenners Vito 111 CDI, reagiert aber viel spontaner auf jede Pedalbewegung. In Entwicklung sind drei unterschiedliche Fahrprogramme, je nach gewünschter Dynamik. Neben dem Antrieb unterscheiden sich auch Instrumente und Bedienung des eVito von seinen Geschwistern. Mit einem Lenkstockhebel à la Automatikgetriebe gibt der Fahrer die Richtung vor. An die Stelle des Drehzahlmessers tritt ein Powermeter als Anzeige der abgerufenen Leistung und der Rekuperation, sie ist stufenweise einstellbar.

In Sachen Reichweite werden sich Transporterfahrer an neue Dimensionen gewöhnen müssen. Mit einer nutzbaren Kapazität seiner Batterie von 35,2 kWh schafft der Vito nach der neuen strengeren WLTP-Norm, 150 Kilometer, kräftig rekuperierend 170 Kilometer. Doch wer fährt im Alltagsstress normgerecht, im Sommer ohne Klimaanlage, im Winter ohne Heizung? 100 Kilometer verspricht Mercedes-Benz auch unter scharfen Bedingungen. Dabei hilft die Begrenzung der Höchstgeschwindigkeit, wahlweise ist bei 80, 100 oder 120 km/h Schluss.

Aber er kann einpacken: Im Bestfall beträgt die Nutzlast knapp über eine Tonne. Mercedes wählt zu diesem Zweck die Maximalvariante des Vito mit 3,2 Tonnen zulässigem Gesamtgewicht; eine Anhängelast ist nicht vorgesehen. Die Faustformel des eVito: Der Elektroantrieb spart zum Verbrenner einschließlich fehlender Abgasnachbehandlung und Kraftstofftank gut 200 Kilogramm ein, dafür kommen knapp 400 Kilogramm Batterien wieder drauf. Zum ersten Fahrtermin hat Mercedes-Benz sogar eine extrem dynamische Variante des eVito mit 140 kW Motorleistung im Gepäck – mit diesem Temperamentsbündel unter Strom hat die Marke jedoch später Anderes vor.

Mit dem Vito Line Sport starten die Vans mit Verbrennungsmotor ins Jahr 2018. Streifendesign für Motorhaube und Türen, Seitenschweller, Anbauteile in Wagenfarbe, Sportfahrwerk innen ein Chrompaket – auch ein Transporter kann frech sein. Und ein Reisemobil einfacher in seiner Bedienung. Diverse Bedienelemente für zahlreiche Komponenten, gut verteilt im Reisemobil, das ist lästig. Auf dem Caravan-Salon 2018 zeigt Merce-

Ab 2018 liefert Mercedes-Benz den eVito. Die Batterie ist schmal, die Zuladung hoch.

des-Benz anhand des »Concept Marco Polo«, dass es anders geht. Hier werden mit dem Smartphone per App und Sprachbedienung zahlreiche aktuellen und mögliche künftigen Features zentral gesteuert – die Luftfederung zum Ausbalancieren des Campingbusses, das Aufstelldach, die Klappsitzbank, Innenbeleuchtung und sogar eine Fensterverdunkelung über Flüssigkristalle. Das Connected Home auf Rädern deutet sich an, es wird bald in vielen Punkten Wirklichkeit. Reisen ganz anderer Art passen ebenfalls zu den V-Geschwistern. Sie bilden die Fahrzeugbasis für Ridesharing-Dienste in Großstädten. Ob ViaVan in Amsterdam, der BerlKönig in Berlin oder SSB Flex in Stuttgart – flexible Dienste decken weiße Flecken von Bussen und Bahnen auf Stadtplänen ab oder fahren in Tagesrandzeiten.

Scheibchenweise präsentiert Mercedes-Benz seine Transporter-Neuheiten des Jahres 2019/20. Den Anschnitt macht das dezente Facelift der edlen V-Klasse einschließlich einer neuen Generation Dieselmotoren. Kühlergrill mit – je nach Ausstattung – ein oder zwei schlanken Lamellen markant ausgearbeiteter Stern und Chromrahmen, unterschiedliche Nüstern im Stoßfänger, die V-Klasse macht was her. Unter der Haube steckt nun feinste Motorentechnik, der Dieselmotor Mercedes-Benz OM 654 mit zwei Liter Hubraum. Merkmale sind die Kombination eines leichten Aluminium-Kurbelgehäuses mit Stahlkolben. Eine glatte Beschichtung der Kolbenwände – »Nanoslide« – reduziert die Reibung. Eine Steuerkette treibt die beiden obenliegenden Nockenwellen an. Beachtlich ist auch der Aufwand zur Abgasreinigung, in und unter der V-Klasse steckt ein wahres Chemiewerk. Gekühlte Hochdruck- und Niederdruck-Abgasrückführung, Oxidationskatalysator, ein Partikelfilter mit SCR-Katalysatorfunktion, der SCR-Katalysator und schließlich ein weiterer SCR-Katalysator mit Ammoniaksperre gegen ein Austreten des giftigen Gases im Falle einer Überdosierung. Es gibt drei Leistungsstufen: V 220 d mit 120 kW (163 PS), V 250 d mit140 kW (190 PS) und V 300 d 176 kW (239 PS). Die stärkste Ausführung brilliert mit einem kurzfristigen Zusatzdrehmoment – »Overtorque«

Zum Genfer Automobilsalons 2019 stellt Mercedes-Benz Vans sein Concept EQV aus Basis der V-Klasse vor. Die Serienvariante folgt zur IAA ein halbes Jahr darauf. Was nicht kommen wird ist die angedachte Hybrid-Motorisierung.

– beim Beschleunigen. Zu all dem passt das neue Neungang-Automatikgetriebe mit zwei Fahrprogrammen und spritsparender Wandlerüberbrückungskupplung ab dem ersten Gang. Drinnen trägt die V-Klasse unter anderem neue Lüftungsdüsen in Turbinenoptik und ein Zierelement in Doppelstreifen-Optik auf der Instrumententafel und in den Seitenverkleidungen. Bestehen bleibt die Optik in Klavierlack, Ebenholz, Carbon sowie gebürstetem Aluminium. Optional bestellbare Luxussitze für die erste Sitzreihe verwöhnen wie in der S-Klasse mit Liegefunktion, Rückenmassage und Klimatisierung.

Die überarbeitete V-Klasse fährt sich ausgesprochen angenehm. Sie meistert Hindernisse wie etwa Schwellen souverän ohne Nachwippen. Kreisverkehre bewältigt das Automatikgetriebe ohne Zucken, Rucken oder falsche Gangwahl. Präzise folgt der Van jedem Lenkbefehl, die elektromechanische Lenkung mit variabler Unterstützung trifft genau das benötigte Maß an Hilfskraft. Das maximale Drehmoment liegt bereits bei sehr niedrigen Drehzahlen an, das passt zu 2,2 Tonnen Leergewicht. Das Getriebe hält die Maschine gekonnt nahe bei 1500 Touren. Trotz Modellpflege verzichtet das Multifunktionslenkrad auf die komplexen Wisch-und-Weg-Tasten des aktuellen Sprinter, kein Nachteil. Und so schick die Dekorateure die V-Klasse auch ausstaffiert haben, auf das vielseitige und in jeder Hinsicht unterhaltsame Kommunikationssystem MBUX aus dem Sprinter muss die V-Klasse zunächst verzichten. Jedoch: Wer sich per Tastendruck durch den Bordrechner klickt, landet bei einer Öko-Anzeige. Für Wohlverhalten gibt es Bonuskilometer wie bei der Fluggesellschaft.

Bald darauf schneidet Mercedes-Benz erneut an, jetzt beim Vito Tourer, sprich der Pkw-Ausführung des Zwillingsbruders Vito. Hier verzichtet Mercedes zwar auf äußere Änderungen, übernimmt aber die Motoren: Einzug hält ebenfalls der Vierzylinder OM 654, mit drei etwas anders gestaffelten Leistungsstufen: 100 kW (136 PS), 120 kW (163 PS) und 140 kW (190 PS), das entspricht der bisherigen Maschine. Kurios: Zunächst gibt es den Tourer ausschließlich mit Automatikgetriebe, Schaltgetriebe sollen erst im Herbst folgen. Aus dem Sprinter schwappt außerdem die Welle der Digitalisierung in den Vito Tourer. Da wäre nun serienmäßig ein Kommunikationsmodul mit fest installierter SIM-Karte. Es bildet die Basis für das Flottenmanagementsystem Pro Connect mit zahlreichen Dienstleistungen.

Rückblende, Berlin im Herbst 2017, die erste kurze Fahrt mit dem eVito. Zum Schluss wartet eine schnelle Runde mit einem besonders flotten Exemplar. Die Vorderräder zerren ungeduldig, der Transporter stürmt vehement los. Der Versuchsmann auf dem Beifahrersitz verrät: Unter der Motorhaube lauert eine E-Maschine mit 140 kW – Elektromobilität kann Vergnügen bereiten. 2019: Da ist er wieder, der schneidige E-Motor, jetzt 150 kW stark und untergebracht in einer elektrifizierten V-Klasse, dem Mercedes-Benz EQV. Gezeigt zunächst als Konzeptfahrzeug im Frühjahr auf dem Genfer Salon, dann als Premiere auf der IAA im Herbst. Schnell und stark, der EQV ist der doppelte Espresso unter seinesgleichen. 150 kW Leistung sind eine Ansage, Tempo 160 gönnt ihm Mercedes.

Ebenfalls 2019 wird die V-Klasse für die zweite Lebenshälfte aufgewertet und aufgehübscht.

Das Einganggetriebe überträgt die Kraft auf die Vorderräder – es ist die einzige V-Klasse mit Frontantrieb.

Zwischen den Achsen installiert Mercedes-Benz ein mächtiges Batteriepaket, installiert sind Lithium-Ionen-Akkus mit 100 kWh, davon sind 90 kWh nutzbar. Das bedeutet bei zahmen Außenbedingungen und mit ein wenig Geschick rund 400 Kilometer Reichweite. Dazu zählt – typisch Mercedes – eine per Schaltwippen variabel einstellbare Rekuperation. Intelligente Lösungen unterstützen den Fahrer des EQV, damit er nicht fortlaufend Reichweite und Geschwindigkeit kalkulieren muss. In Rekuperationsstufe D verknüpft der Eco-Assistent Navigationsdaten, Verkehrszeichenerkennung, die Radar- und Kamerasysteme der Assistenzsysteme und wählt die günstigste Rekuperationsvariante. Gekoppelt mit spezifischer EQV-Navigation und einem passenden Fahrprogramm erzielt der Fahrer die maximale Reichweite. Der EQV ist außerdem schnellladefähig bis 110 kW.

Nach Art des Hauses hat Mercedes den EQV prächtig verpackt, ins Auge fällt der schwarze Plakettengrill mit verchromter Einfassung und Chromleisten. Wer ganz genau hinschaut, bemerkt, dass die Karosserie minimal höher steht. Dies ist nötig, weil sonst aufgrund der großen Batteriewanne die Bodenfreiheit leiden würde. Mit 2,75 Tonnen bringt der EQV reichlich Gewicht auf die Waage. Damit die Zuladung stimmt, wird er als 3,5-Tonner zugelassen und erweitert somit die bisherige Gewichtsklasse von V-Klasse und Vito erheblich.

Im Dezember 2019 gibt es einen Nachschlag für die V-Klasse: Jetzt ist sie auch mit MBUX bestellbar. Herzstück ist das intuitive Bedienkonzept, allen voran die Sprachsteuerung. Diese verfügt über ein hohes Sprach-

Das Serienmodell des EQV unterscheidet sich optisch nur gering vom Konzeptfahrzeug.

2020 zieht der Vito mit umfangreichen Verbesserungen unter dem Blech nach.

verständnis und ist sogar lernfähig. Aktiviert wird die Sprachassistenz per Taste oder mit dem Kommando »Hey Mercedes«. Ein hochauflösendes, 7 oder 10,25 Zoll großes Touchscreen-Zentraldisplay und ein Touchpad auf der Mittelkonsole vervollständigen das Bedienkonzept.

Ab Frühjahr 2020 profitiert auch der Vito Kastenwagen von den neuen Dieselmotoren. Die breite Spanne des Vito mit Hinterradantrieb reicht nun vom

- Vito 110 CDI mit 75 kW (102 PS) über
- Vito 114 CDI (100 kW/136 PS) und
- Vito 116 CDI (120 kW/163 PS) bis zum
- Vito 119 CDI mit 140 kW (190 PS). Für Tourer und Mixto kommt als Spitzenausführung der 124 CDI mit 176 kW (239 PS) hinzu. Auch beim Vito hält das Neungang-Automatikgetriebe Einzug. Ein Schaltgetriebe ist nur noch für den Vito 116 CDI lieferbar. Im Vergleich dazu wirkt der Vito mit Vorderradantrieb fast wie ein Aschenbrödel: Sein 1,75-Liter ist mit 75 kW (102 PS) und 100 kW (136 PS) sowie ausschließlich mit Sechsgang-Schaltgetriebe im Programm.

Neu im Angebot sind ein aktiver Bremsassistent, eine Luftfederung und der Abstandsregler Distronic. Außerdem ein digitaler Innenspiegel: Hier wird das Bild einer Kamera an der Heckscheibe auf den Innenspiegel übertragen. Aus Radios werden Infotainmentsysteme und ein Kommunikationsmodul mit fest eingebauter SIM-Karte öffnet die Tür zu Echtzeit-Navigation und Flottenmanagementsystemen. MBUX bleibt dem Vito indes verwehrt.

Der neue eVito Tourer glänzt mit dem Antrieb des EQV. Das heißt nutzbare Batteriekapazität 90 kWh, ein 150 kW starker Elektromotor und hier eine Höchstgeschwindigkeit von wahlweise 140 oder 160 km/h. Zu viel, zu teuer? Im Herbst des Folgejahrs legt Mercedes-Benz mit dem eVito Tourer und 60 kWh nutzbarer Kapazität nach. Auch auf den EQV überträgt Mercedes-Benz diese mildere Batterie auf Wunsch. Und dann wäre da noch der eVito. Was bei seinem Start mangels Wettbewerbs noch gut war, das ist inzwischen zu wenig: Die Anforderungen an die Batteriekapazität steigen, Wettbewerber liefern mehr. Mercedes-Benz reagiert im Dezember 2021 und vergrößert die Batterie des Kastenwagens auf netto 60 kWh. Die zulässige Gesamtmasse beläuft sich unverändert auf 3,2 Tonnen, die maximale Zuladung in Serienausführung beläuft sich auf rund 850 bis 890 Kilogramm.

Die kräftigen Stromer mit der großen Batterie dienen nicht nur als Großraumlimousine oder Shuttle. Auch die aufstrebende Reisemobilbranche wirft ein Auge auf sie: Ins Frühjahr 2022 starten erste Campingbusse mit vollelektrischem Antrieb – die Verkehrswende nimmt Fahrt auf.

Auch beim E-Antrieb von eVito und eVito Tourer legt Mercedes-Benz kräftig nach.

Spiegel-Trick: Kamera in der Heckscheibe für Rückwärtsblick bei Vorwärtsfahrt.

2017: Mercedes-Benz X-Klasse – wenn Männerträume platzen

Hier werden Männerträume wahr. Mit Karacho prescht der damalige Daimler-Chef Dieter Zetsche im Oktober 2017 in einem Showcar auf Basis der neuen Mercedes X-Klasse durch das Publikum auf die Bühne unweit der schwedischen Hauptstadt Stockholm. Dort wartet bereits ein anderes Showcar der kommenden Baureihe, am Steuer der seinerzeitige Van-Chef Volker Mornhinweg. Hat Zetsche in einem kühl-eleganten Pick-up in Weißmetallic Platz genommen, so lenkt Mornhinweg eine limonig-matt lackierte Variante im Stil eines deftigen Offroaders. Beide Autos sind optische Aufreger, gar so extrovertiert wird das Serienmodell ein Jahr später nicht in Serie gehen. Aber der Anspruch ist definiert: Ein Pickup von Mercedes ist 70 Jahre nach dem Pritschenwagen auf Basis des 170 V kein Arbeiter im Blaumann, die X-Klasse ist der Chef und leitende Angestellte unter den Pick-ups.

Auch danach folgt Show auf Show, bietet Mercedes-Benz alles auf, um die X-Klasse populär zu machen: Big Wave Surfer, Mountainbiker, Musiker unterschiedlichster Stilrichtungen, Video-Gamer und Weltklasse-Tennisspieler. Es gibt zahlreiche Auftritte auf Messen, Fahrsicherheitstrainings, Fernsehwerbung, und Bestnoten beim Euro NCAP-Crashtest. Tennis-Star Roger Federer und die Mercedes-Benz X-Klasse erkunden Zürich: »Leichthändig rangiert er den Pick-up durch die verwinkelten und engen Gassen sowie über die vielen Brücken der Stadt, immer auf der Suche nach den perfekten und unüblichsten Trainingsspots.« Für appetitliche Fotos wird die X-Klasse in schöne Landschaften und vor schöne Häuser mit noch schöneren Menschen gestellt. »Pickup trifft Lifestyle«, lautet die Überschrift der Pressemeldung zur Publikumspremiere der neuen X-Klasse. Passt bloß nicht zusammen. Pick-up ist Arbeit und kein Lifestyle.

Weltklasse-Tennisspieler Roger Federer an X-Klasse: Mercedes-Benz lässt zur Popularisierung seines Pick-ups nichts unversucht.

2017: X-Klasse

Das Ergebnis, wenn sich Designer mit Stern einen Pick-up mit Stern vorstellen.

Edel-Weiß: Konzeptfahrzeug der X-Klasse für den Auftritt auf dem Boulevard.

Mountainbiker, Musiker, Gamer und Tennis-Profis fahren andere Autos.

Dazu entspringt der Pick-up mit Stern der Kooperation mit Renault, genauer gesagt der Renault-Nissan-Allianz. Hatte sich Mercedes beim Citan an den bereits fertigen Kangoo gehängt, so waren die Stuttgarter an der Entwicklung der neuen mittelgroßen Pickup-Generation von Beginn an beteiligt. Seit Anfang 2012 beschäftigt man sich mit dem Gemeinschaftsprojekt, das beim Stapellauf der X-Klasse als Nissan Navara bereits im Handel ist und als Ableger Renault Alaskan schon seine Premiere erlebt hat. Mercedes-Teams in Deutschland und Japan haben an der X-Klasse gearbeitet.

Linke Seite unten: Rauer Charme: Konzeptfahrzeug der X-Klasse für den Bau, für Holzfäller oder jene, die einfach ihre Muskeln zur Schau stellen wollen.

Dieser Ablauf hat zu einer eigenständigen Modellreihe geführt und verführt zu einer selbstbewussten Interpretation der Zusammenarbeit: »Wir nutzen die Produktionskapazitäten von Nissan.« Doch ein kräftiger Schuss Nissan steckt drin im Mercedes. Für die X-Klasse verwendet Mercedes den Leiterrahmen sowie den Rohbau des Navara. Die Karosserie, das Cockpit und wesentliche Elemente der Technik jedoch tragen den Stern. Mit geblähten Nüstern und markantem Grill tritt die X-Klasse im extrovertierten Pkw-Stil des Hauses auf.

X-Klassentreffen: zwei Showstars sollen den Appetit auf mehr wecken.

Das Cockpit ist schon sehr nahe an der Wirklichkeit, studienmäßig aufgehübscht.

Sie würde mit diesem Erscheinungsbild gut nach Nordamerika passen. Dessen Szenerie beobachtet Mercedes aufmerksam: In den USA, dem Pick-up-Land schlechthin, waren deren Zulassungszahlen in den vergangenen Jahren in den Keller gerauscht, jetzt klettern sie wieder. Gefragt sind dort jedoch traditionell Pickups im XXL-Format. Der Rest der Welt, und vor allem die Südhalbkugel der Erde, schätzt dagegen mittelgroße Pick-up zum Günstigpreis mit rund einer Tonne Nutzlast, die sich auch in Europa nicht wie ein Elefant im Porzellanladen benehmen. Das Format der neuen X-Klasse entspricht mit 5,34 Meter Länge etwa einem langen Vito, das ist noch sozialverträglich, auch wenn solch ein Trumm bereits schnell an Parkhausecken seine Spuren hinterlässt.

2018 geht die X-Klasse an den Start. Mercedes konzentriert sich auf die Doppelkabine. Anderswo gängige Formate wie Einzelkabine und verlängerte King-Cab sind nicht vorgesehen. Unter der Motorhaube der Spitzenausführungen »Progressive« und »Power« arbeitet der hauseigene V6 CDI, man kennt den feinen Doppelnockenwellenmotor mit Aluminium-Kurbelgehäuse unter

So sieht die X-Klasse ab 2018 in der Realität aus, aber eher selten geparkt in gepflegten Einfahrten.

Fast zu schön fürs Gelände: Pick-up im staubigen Offroad-Einsatz.

Den Allrad gibt es in zwei Varianten: 4Matic von Mercedes-Benz oder zuschaltbar vom Kooperationspartner Nissan.

anderem aus dem Sprinter. Der feine Dreiliter leistet bis zu 190 kW (258 PS), Mercedes-Benz verbindet ihn mit permanentem Allradantrieb 4Matic, Siebengang-Automatikgetriebe, einem zweistufiges Verteilergetriebe mit Lamellenkupplung als Längssperre und verschiedenen Fahrprogrammen. Das Drehmoment wird fix im Verhältnis 40:60 zwischen den Achsen verteilt. Hinzu kommt auf Wunsch eine Hinterachse-Differenzialsperre.

Unterhalb dieser Spitzenausführung in der Variante »Pure« siedelt Mercedes schlichtere Technik an und bedient sich dabei beim Nissan Navara. Er steuert komplette Antriebspakete bei. Sie setzen sich aus Vierzylindern – der 2,3-Liter mit 120 kW (163 PS) stammt von Renault und werkelt dort im Transporter namens Master – sowie hinterradgetriebenen Ausführungen sowie jene mit zuschaltbarem Allradantrieb zusammen.

Beim Fahrwerk sucht Mercedes Zwischenwege und greift zu eigenen Abstimmungen sowie größeren Spurweiten. Im Unterschied zu manch anderen Fahrzeugen dieser Gattung verspricht man deshalb geringe Aufbaubewegungen, hohen Fahrkomfort und flotte Kurvengeschwindigkeiten. Mercedes hebt dabei die Hinterachse hervor. Die Starrachse stammt im Prinzip von Nissan, erhält jedoch in Verbindung mit dem V6 ein eigenes Differenzial. Schraubenfedern mit großem Federweg – bekannt aus den gehobenen Ausführungen des Navara – sollen der Achse die sonst bei Pick-ups übliche Rustikalität nehmen.

Drinnen können sich Mercedes-Benz-Eigner zuhause fühlen. Wer die V-Klasse kennt oder die Pkw mit Stern, der kennt auch die X-Klasse, ob Lenkrad, Instrumente, Lüftungsdüsen oder den mittigen Bildschirm. Und es ist Platz an Bord, die X-Klasse ist sieben Zentimeter breiter als ihre Kollegen. Das schafft vorne Raum für Hüften und Schultern, hinten passen Paletten auch quer auf die Ladefläche, anders als bei den Kompagnons.

Hinter all dem steht ein klares Ziel. »Wir sind der erste Premiumhersteller, der ein Pick-up auf den Markt bringt«, so lautet die Sprachregelung. Nur zu gern würde Mercedes-Benz mit der X-Klasse einen Erfolg wiederholen: Vor knapp 20 Jahren hatte die Marke mit der M-Klasse in Europa die SUV gesellschaftsfähig gemacht. Auf dieser Erfolgswelle surft Mercedes-Benz bis heute. Nun soll die X-Klasse den wilden Westen auch nach Wanne Eickel bringen. Gleichzeitig soll die X-Klasse auch zur Fahrt in die Oper passen. Jedoch nicht zum Hintereingang für Lieferanten und Handwerker, Mercedes wünscht sich, dass der Pickup im edlen Zwirn vorne vorfährt, beim Eingang für das feine Publikum.

Doch dies alles nützt nichts, die 5,34 Meter lange X-Klasse passt nicht in die Pick-up-Welt. Die Fertigung beschränkt sich auf das Nissan-Werk in Barcelona, die zusätzlich geplante Produktion in einem Renault-Werk in Cordoba/Argentinien wird nicht aufgenommen. Die letzte Meldung zur X-Klasse stammt vom Januar 2020, bereits im Mai 2020 endet die Fertigung. Der einstige Männertraum, er ist geplatzt.

Dabei gab es zuvor Erfahrungen mit derlei Fahrzeugen im Konzern. Längst vergessen ist der karge 170 V mit Pritsche oder Kofferaufbau aus der Nachkriegszeit. Weniger von Belang wird auch »La Pick-up« gewesen sein, so die Kosebezeichnung: Anfang der Siebziger fertigte Mercedes auf Basis der damaligen Mittelklasse-Limousine W 115 – Kennern als »Strich-Acht« bekannt – in

Zu schön, um erfolgreich zu sein: Käufer von Pick-ups bevorzugen meist schlichtere Varianten und achten auf den Preis.

Die Ladefläche ist vielseitig nutzbar, auch als Plattform für Outdoor-Konzerte.

Mit abnehmbarer Kabine verwandelt sich die X-Klasse in ein Ferienappartement auf Zeit.

Argentinien bereits ein Pick-up. Die Stückzahlen waren überschaubar, nach wenigen Jahren geriet das Modell wieder in Vergessenheit. Ein Einzelstück gelangte später nach Deutschland und versah seinen Dienst im Bereich der Schienenpflege beim Verkehrsbetrieb Stuttgarter Straßenbahnen (SSB).

Größere Erfahrung mit Pick-ups hat Mercedes-Benz auf andere Weise gesammelt: Im Rahmen der einstigen Kooperation mit Chrysler hat die Marke die wuchtigen Pick-ups der Chrysler-Tochtermarke RAM kennengelernt.

Man wird die Niederlage wegstecken, schließlich ist auch dem Erzrivalen VW mit seiner Eigenentwicklung Amarok auf Dauer nicht nur Glück beschieden. Der Marktführer in der Liga der X-Klasse in Deutschland und Europa aber hieß und heißt Ford Ranger.

Das war einmal: »La Pick-up«, frühes Pick-up auf Basis des »Stricht-Acht« aus Argentinien.

2018: Sprinter mal ganz anders – jetzt auch mit Vorderrad- und Elektroantrieb

Erneut lässt Mercedes-Benz vorab ein wenig schnuppern: Schon Ende 2017 beim bereitet die Marke mit dem »Sprinter Innovation Campus« den Boden für das grundlegend neue Modell 2018. Mercedes-Benz verspricht viel mehr als einen Transporter: »Unser Flaggschiff wird zur smarten Hardware«, sagt der damalige Transporterchef Volker Mornhinweg. Das serienmäßige Connectivity Modul bietet die Basis für einen ständigen Datenaustausch. Ziel ist »die nahtlose Integration in betriebliche Abläufe«. Dazu gehört das klassische Thema Flottenmanagement: Fahrzeugstandort, dynamische Routenplanung, Übermittlung von Aufträgen. Nächste Stufe ist ein Wartungsmanagement. Der Sprinter meldet sich, wenn ein Service oder eine Reparatur fällig ist. Abhängig von Branche, aktueller Auftragsplanung und der Taktung der Stammwerkstatt erfolgt selbstständig ein Vorschlag für den nächsten Termin.

Die Entwickler neuer Dienstleistungen arbeiten sich in Anwenderthemen hinein. Neben dem Sprinter sollen auch dessen Fahrer durch neue Dienstleistungen effizienter werden. Einer der Ideen: Handwerker bestücken ihren Transporter nicht mehr selbst, das übernimmt ein fliegender Dienstleister. Der holt abends Retouren direkt aus dem Transporter und bestückt ihn mit Material und Werkzeug für den Folgetag. Der Zugang zum Fahrzeug erfolgt durch einen einmalig erstellten digitalen Schlüssel. Eine weitere Idee ist die Professionalisierung von »eGrocery«, der Zustellung von Lebensmitteln. Drei Temperaturzonen im Kastenwagen, Bestückung des Fahrzeugs mit Regalen und fertig gepackten Waren in der Reihenfolge der Auslieferung. Vorteil: Der Fahrer sucht nicht, er findet. Oder treffender: Die nächste Lieferung findet ihn. Zu den Aufgaben als Mobilitätsanbieter ge-

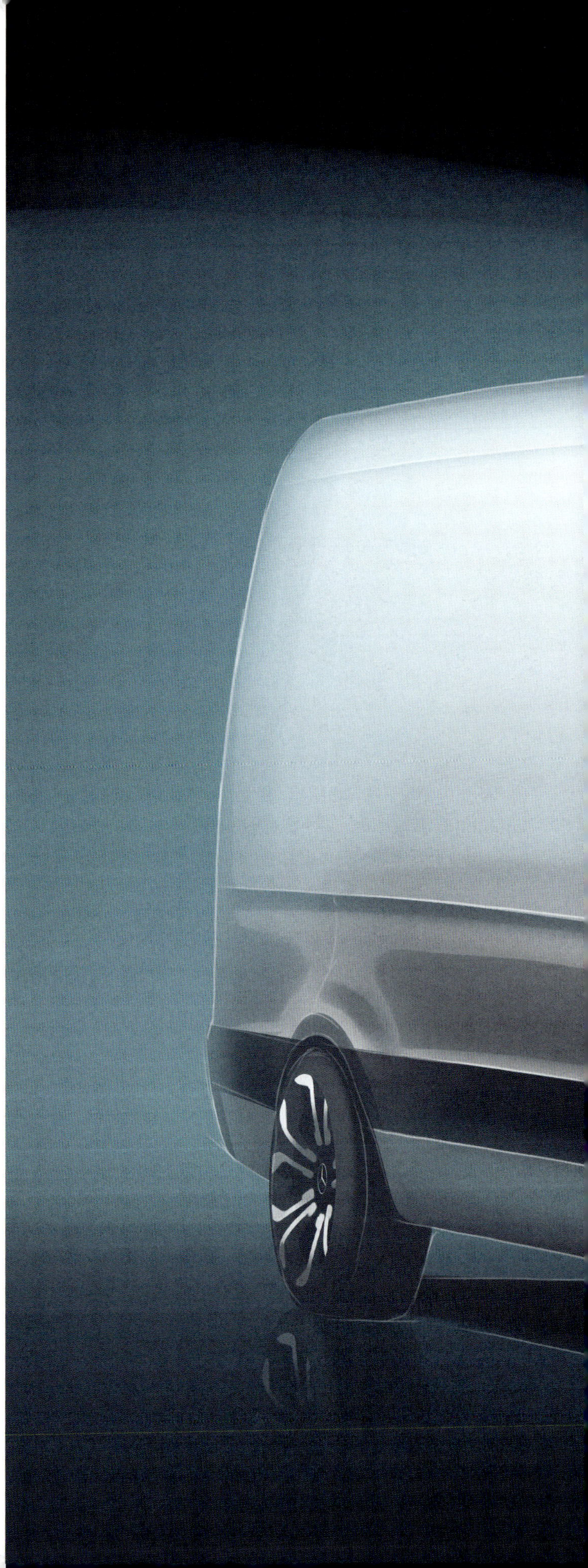

Erster Ausblick auf den nächsten Sprinter: seriennahe Zeichnung, veröffentlicht als Appetithappen bereits im Jahr 2017, Monate vor der Premiere.

2018: Sprinter 3

Auf dem Weg vom Wunsch zur Realität: Sprinter-Skizze mit Fenstern in der Optik wie das Visier eines Motorradhelms.

hört ebenfalls die Zusammenarbeit mit Mitfahrdiensten und Verkehrsunternehmen – zwischen Taxi und Omnibus ist Platz für Ridesharingsysteme.

Stimmt, einen Transporter braucht's für diese schöne neue Welt auch noch. Mercedes-Benz kündigt für den nächsten Sprinter ein schärfer geschnittenes Gesicht an. Unverändert wird das Grundraster mit drei Radständen, vier Längen und drei Höhen gelten, auch die Gewichtsklasse von 3,0 bis 5,5 Tonnen zulässiger Gesamtmasse. Der Rohbau unter der Haut wird sich weiterentwickeln: steifer wo nötig, leichter wo möglich. Es wird Hinterradantrieb und Allradantrieb geben, erstmals Vorderradantrieb. Mit Antrieb vorn sinkt die hohe Ladekante um 80 Millimeter und das Leergewicht um rund 100 Kilogramm. Mit dem feinen neuen Zweiliter-Turbodiesel des Konzerns wird's noch nichts werden, die Pkw haben Vorfahrt. Schalt- und Automatikgetriebe sind gesetzt. Der Umgang mit der Automatik aber ändert sich, an die Stelle des ergonomisch missglückten Joysticks in der Mittelkonsole tritt ein platzsparender Lenkstockhebel. Das Cockpit des neuen Sprinter wird, modular aufgebaut, in unterschiedlichen Varianten zu bekommen sein. Durchweg serienmäßig ist ein schlüsselloser Start, nach dem Einsteigen genügt ein Knopfdruck. Eingebaut ist das se-

Auch im feinen grauen Anzug als gehobener Kombi macht der Sprinter eine gute Figur.

Ein Sprinter ist und bleibt ein Sprinter: Premierenmodell im Jahr 2018.

rienmäßige »Connectivity Modul« als Plattform zur Vernetzung.

Alles andere ist variabel: klassische Handbremse oder elektrische Parkbremse bis 4,5 Tonnen Gesamtgewicht, Einfachradio oder Entertainment-Center im XL-Format. Die Variabilität ist verblüffend: Die sehr nüchterne Schlicht-Ausführung ist von einem riesigen Ablageschlund in der Mitte gekennzeichnet und einem nackten Lenkrad. Ab der nächst höheren Ausführung trägt das Cockpit einen wuchtigen Einsatz in der Optik eines Ghettoblasters, mit einfachem DIN-Radio, zusätzlichen Luftdüsen, kleinen Ablagen und ersten Lenkradtasten. Die nächste Stufe verfügt über einen Bildschirm in dieser Mittelkonsole und eine erweiterte Lenkradtastatur, es gibt

Die Manager sind allesamt schon Geschichte, der Sprinter dagegen fährt und fährt.

fully connected
electrified
100% for you
The new Sprinter

Schmucke Rücklichter klammern das Heck ein, erneut mittiger Stern, Hecktüren jetzt ohne herkömmliche Aufsteller.

Hey Mercedes: Mit dem Infotainmentsystem MBUX schlägt Mercedes-Benz ein neues Kapitel auf.

auf Wunsch Klappdeckel für die oberen Ablagen. Die Spitzenausführung schließlich protzt mit einer Mittelkonsole in schwarz glänzendem Kunststoff, mit Chromrähmchen, einer umfassenden Tastenklaviatur am Lenkrad, einem großen Bildschirm der Größe 10,25 Zoll.

Feinheiten gehören dazu, wie wär's mit einem Einsatz für Getränke in den Fächern unten in der Mittelkonsole, mit einer induktive Lademöglichkeit für das Smartphone, mit einer gekürzten Mittelablage zugunsten der Beinfreiheit vor einem Beifahrer-Doppelsitz? Mit Dachablagen, mal offen, mal mit Deckel und auch verschließbar? Zum individuellen Sprinter gehört der Sitz nach Maß. Neu sind Varianten mit längs verstellbarem Sitzkissen und elektrischer Einstellung.

Im Frühjahr 2018 wechselt der Sprinter offiziell vom Tarnkleid in den Sportdress als Geschäftsanzug. Sprinter sind Einzelkämpfer, mit voller Kraft fegen sie ihre Bahn entlang. Wer zum neuen Transporter vordringen will, muss ihn aus Verpackungsschichten herausschälen. Alles ist ganzheitlich und connected, der Einsatz wird zum use case, das passende Modell ist skalierbar und der Transporter ein Teil des Internets der Dinge, gerne englisch als »IoT« abgekürzt. Und jede neue Technik ist, man ahnt es, vor allem intelligent. Der neue Transporter fährt nicht mehr allein, er dient als Plattform und die Marke hüllt ihn in einen dichten Kokon aus Dienstleistungen. Mittendrin aber steckt dieses unverzichtbare blecherne Ding auf vier Rädern. Ohne Transporter keine Waren für Online-Käufer, kein Service vom Handwerker, keine Express-Ersatzteile. Und dies alles summiert sich zu 2,5 Milliarden Euro Investitionen.

Die Nummer eins der Transporterklasse rund um 3,5 Tonnen schaut prompt mit selbstbewusstem Blick in die Zukunft. Im Zentrum steht Vielseitigkeit. Die Anforderungen sind extrem: Je nach Einsatz zwischen 6000 und 350 000 Kilometer Laufleistung im Jahr, zwei bis 200 Stopps am Tag, Nutzlastanforderung zwischen 200 und 3000 Kilogramm. Dieses Programm kann kein Einheitstransporter stemmen. Siehe Antrieb: Hinterradantrieb, Allradantrieb, nun erstmals Vorderradantrieb – mehr geht nicht.

»Außen eine Evolution, innen eine Revolution«, so charakterisiert Designer Kai Sieber den neuen Sprinter. Wer im letzten Modelljahr des Vorgängers mit genau 200 460 Exemplaren einen Allzeitrekord eingefahren hat, der vermeidet Revolutionen. Das neue Gesicht des Sprinter ist prägnanter. Und es ist wandelbar. Etwas düster fällt es in der schmucklosen Grundausführung aus. Dies lässt sich schrittweise ändern: Einfassung des Grills in Farbe,

Wie gehabt liefert Mercedes-Benz den Sprinter in zahlreichen Varianten.

Chromspangen, Stoßfänger in Wagenfarbe, alles kombiniert – schon fügt sich der Sprinter freundlich in die Transporterwelt ein. Und wer aufmerksam hinschaut, entdeckt sogar den Markenschriftzug im Scheinwerfergehäuse…

Das Grundraster ist ähnlich wie gehabt. Drei Radstände, Längen von 5,93 bis 7,37 Metern und drei Höhen sowie 3,5 bis 5,5 Tonnen zulässige Gesamtmasse – all dies betrifft die klassische Ausführung mit Hinterradantrieb. Zu den revolutionären Themen gehört der zusätzlich angebotene Vorderradantrieb, das gab's noch nie im Sprinter oder dessen Vorgänger, dem »Bremer«. Um dem Klassiker nicht zu schaden, um Nachteile des Frontantriebs zu vermeiden und um den Aufwand zu begrenzen ist das Programm eingeschränkt. Es beschränkt sich auf Kastenwagen und Fahrgestell mit zwei Längen (5,27/5,93 Meter), zwei Radständen sowie den Triebkopf – gefertigt zusammen mit den Fahrgestellen in Ludwigsfelde bei

Kommt oder kommt nicht? Studie mit Brennstoffzellenantrieb und Wasserstoff 2018.

Das wär's gewesen: Reisemobile fahren Langstrecke, ideal für eine Brennstoffzelle.

Berlin – für Sonderchassis und auf maximal 4,1 Tonnen zulässiges Gesamtgewicht. Einen Kombi mit Vorderradantrieb gibt es erst gar nicht. Klare Sache: Der Fronttriebler soll den Hecktriebler ergänzen, nicht ersetzen und mit überlappenden Modellen das Angebot erweitern.

Konstruktiv hat Mercedes zugelangt. Um die Kombination aus Motor und Getriebe hier quer unterzubringen, wanderte die Vorderachse unmerklich um neun Millimeter nach vorn, macht bei der Kurzausgabe 3259 Millimeter Radstand. Ebenso legte die Spurbreite wegen des Quermotors ein wenig zu, deshalb rutscht der neue Sprinter mit 2020 Millimeter Breite knapp über die Zwei-Meter-Marke.

Der zweite Radstand des Fronttrieblers siedelt sich mit 3924 Millimetern zwischen den beiden längeren Ausführungen des Hecktrieblers an. Mit knapp sechs Metern entspricht die Gesamtlänge exakt dem mittleren Hecktriebler. Entsprechend sind die sehr gestreckten Proportionen gewöhnungsbedürftig und der Wendekreis fällt mit 15,2 statt 13,3 Metern deftig aus. Mercedes nimmt diesen Nachteil bewusst in Kauf, setzt stattdessen auf Fahrstabilität und Traktion, die eigentliche Ursache des zusätzlichen Radstands. Darüber hinaus knobelten die Entwickler lange beim Fahrwerk. Prompt fühlt sich das Modell mit Frontantrieb wie ein echter Sprinter an. Für beide gilt: Sie federn sanft, doch ohne die bisher übliche ehr-

Jetzt kann der Sprinter auch noch Vorderrandantrieb: günstige Einstiegsvariante.

Grundauslastung für das neue Werk in den USA: riesiger Auftrag eines Großversenders.

Kaum ist der Sprinter da, schaut Mercedes-Benz 2018 mit dem Vision Urbanetic nach übermorgen.

furchtsvolle Verbeugung beim Abbremsen vor Ampeln. Auch hat Mercedes-Benz das bisher so charakteristische magenunfreundliche Wanken in den Griff bekommen. Dabei gibt es vorn unterschiedliche Achsausführungen: Den Vorderradantrieb kennzeichnen McPherson-Federbeine, den Hinterradantrieb die gewohnten Dämpferbeinen und eine Querblattfeder.

Von schlicht bis üppig reicht die Spanne der Instrumente. Mit den Ausstattungen wächst auch die Lenkradtastatur Stück für Stück bis aufs Maximum mit jeweils sechs Felder zum Wischen, Drücken und Scrollen links und rechts. Gegliedert ist's logisch – links Fahrzeugfunktionen, rechts alles andere, aber trotzdem gewöhnungsbedürftig.

Wenig Umstellung verlangt der neue Sprinter im Laderaum, denn trotz der neuen Blechhülle blieben dessen Abmessungen identisch. Ob Laderaumlänge und -breite oder Maximalvolumen von 17 Kubikmetern in der XXL-Ausführung des Kastenwagens, alles unverändert, die Ausbauer freut's. Im Detail aber hat sich Einiges geändert. Die Hecktüren verzichten dank trickreicher Scharniere auf die klassischen Aufsteller und lassen sich mit einer einzigen Bewegung von 90 über 180 bis auf annähernd 270 Grad öffnen, dort ohne zusätzlichen Anschlag.

Änderungen gibt es im Frachtabteil durch den neuen Fronttriebler. Schluss ist bei elf Kubikmeter Volumen, ein halber Kubikmeter mehr als beim vergleichbaren Hecktriebler und zurückzuführen auf den 80 Millimeter niedrigeren Ladeboden. Der aber liegt immer noch rund 560 Millimeter über der Fahrbahn, doch Mercedes verzichtet auf eine seitliche Trittstufe – eine Kletterpartie für Kurierfahrer.

Drinnen spart der wahlweise eingelegte leichte Kunststoffboden gegenüber dem klassischen Holzboden bis zu 18 Kilogramm Gewicht. Zwölf Kilo specken optionale GfK-Federn an der Hinterachse im Vergleich zur Stahlfeder ab. Und wer den Sprinter mit Hinterradantrieb kräftig auf Diät setzt, wählt einen Kraftstofftank mit 50 statt 71

Vision Urbanetic: Skateboard-Plattform für Personen- und Gütertransport im Wechsel.

Vorsichtiger Start: Den eSprinter gibt es in den ersten Jahren nur mit einer einzigen Karosserievariante.

Strom getankt wird vorne, serienmäßig mit Schnellladesystem. Kapazität in dieser Generation überschaubar.

Alles bleibt anders: Vorderradantrieb und Powermeter statt Drehzahlmesser im eSprinter.

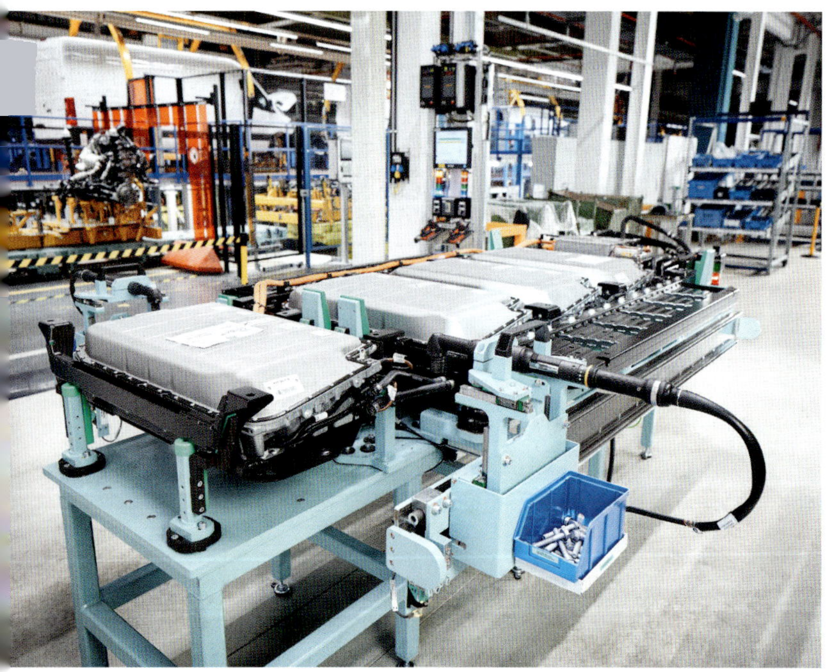

Den eSprinter liefert Mercedes-Benz mit zwei unterschiedlichen Batterievarianten.

Litern. Der Behälter beim Modell mit Vorderradantrieb fasst durchweg 65 Liter. Steht Reichweite im Mittelpunkt, steigern beide auf 92 Liter.

Unter der Motorhaube ackern die altbekannten Vierzylinder-Dieselmotoren mit 2,15 l Hubraum. Es gibt erneut drei Leistungsstufen mit 84 kW (114 PS), 105 kW (143 PS) und 120 kW (163 PS). Hinzu kommt – exklusiv für Fronttriebler als Basis für Reisemobile – eine Ausführung mit 130 kW (177 PS). Alles recht kernig, wenig drehwillig, aber dank Unterstützung durch einen aufwendigen Turbolader mit variabler Geometrie sehr elastisch und durchzugsstark. Mercedes-Benz hat die Motoren verfeinert. Da wären ein neuer Zylinderkopf, eine neue Sensorik und eine neue Generation der SCR-Technik. Der Adblue-Tank ist auf 22 Liter angeschwollen. Neu ist das Sechsgang-Schaltgetriebe für den Frontantrieb. Es arbeitet markentypisch etwas knochig und nicht ganz leicht, aber präzise. Alternative ist beim Frontantrieb eine Neungang-Wandlerautomatik, sie stammt von ZF und ist – ein Novum für den Stern – auch anderswo anzutreffen, zum Beispiel im Fiat Ducato. Ebenfalls neu ist die elektromechanische Lenkung. Als Spitzenmotorisierung des Sprinter mit Hinterradantrieb hält Mercedes-Benz unverändert den V6 mit drei Liter Hubraum und 140 kW (190 PS) bereit – ein Sahnestück.

»Hey Mercedes«, begrüßt Transporterchef Volker Mornhinweg den neuen Sprinter, prompt gibt ihm sein Transporter auf Nachfrage gleich den aktuellen Standort durch. Der Sprinter lässt nun mit sich reden. Wer ihm zum Beispiel zuruft, dass der Sprit ausgeht, bekommt die nächstgelegenen Tankstellen angezeigt. Die Technik passt sich Redegewohnheiten an und akzeptiert auch, wenn der Fahrer kein gepflegtes Hochdeutsch spricht. Selbst Schweigen ist kein Problem, denn Kommandos nimmt der Sprinter ebenfalls über einen berührungsempfindlichen Bildschirm oder die Bedienungsfelder namens Touch Control Button der Multifunktionstasten am Lenkrad entgegen. Hinter all dem steckt »MBUX«, ein Multimediasystem, das seine Premiere wenige Tage vor dem Sprinter in der neuen A-Klasse feierte. MBUX heißt ausgeschrieben »Mercedes-Benz User Experience«. Und der Fahrer und dessen Chef können tatsächlich eine Menge erleben und erfahren.

Der neue Sprinter startet im Herbst 2018 ebenfalls im neuen US-Werk in Charleston/Carolina. Wobei es mit dem Charleston-Tanz anfangs noch nicht recht klappen will – Düsseldorf springt zunächst als Tanzschule ein. Der erste Großabnehmer ist Garant für eine Grundaus-

Der Sprinter entwickelt sich zum Welt-Transporter: Variante aus Argentinien.

lastung: Amazon hat einen gewaltigen Auftrag über 20 000 Sprinter erteilt. In Charleston wurden bereits seit 2006 Sprinter remontiert, die zuvor für den Export nach USA aus Zollgründen zum Teil zerlegt werden mussten. Der neue Standort ist ein Vollwerk mit Rohbau, Lackierung und Endmontage. 2019 rennt der neue Sprinter auch im Werk in Buenos Aires/Argentinien los – auf den Charleston folgt der Tango.

Neue Zeiten brechen ebenfalls ab Herbst 2018 mit der Vorstellung des eSprinter an. Nach Versuchen mit Hybriden und einem einsamen rein elektrischen Sprinter auf der IAA 2012 geht's los. Mercedes nutzt die Technik des jüngst vorgestellten eVito. Das bedeutet: Motorleistung 84 kW – später 85 kW, ein Dreierpack Lithium-Ionen-Akkus eigener Herstellung mit einer nutzbaren Kapazität von 35 kWh (installiert 41 kWh). Platz dafür

Auf dem Sattelauflieger: Zugköpfe mit Vorderradantrieb für Sonderfahrgestelle.

macht die Kombination aus dem langen Radstand des Sprinter-Fronttrieblers mit dem höheren Ladeboden des Sprinter-Hecktrieblers. Optional ist ein zusätzliches Batteriepaket lieferbar, ergibt 47 kWh Nutzkapazität (installiert 55 kWh). Das bedeutet eSprinter nach Wunsch: knappe Reichweite, große Nutzlast und günstiger Preis hier, mittlere Reichweite, knappe Nutzlast und hoher Preis dort. Lange Reichweite geht nicht, realistisch sind rund 150 Kilometer, im Winter weniger. Mercedes verstaut die Batterien unterflur in einem stählernen Rund-

rohrrahmen. Im Unterschied zum eVito ist Schnellladen (DC) möglich, ein Fall für Zwischenstopps bei kräftezehrenden Einsätzen.

Der Fahrer kann per Tastendruck zwischen drei Fahrmodi zwischen Vollfett- und Diätausführung wählen. Einhalt gebietet die fix einstellbare Höchstgeschwindigkeit von 80, 100 oder 120 km/h. Die Fahrtrichtung gibt ein Lenkstockhebel vor, bekannt vom Sprinter mit Automatik. Verzögert wird per Rekuperation, sie ist vierstufig per Schaltpaddeln einstellbar. Statt des hier überflüssigen

Variationen eines Themas: Fahrgestelle aus dem Werk in Ludwigsfelde bei Berlin.

Drehzahlmessers zeigt ein Powermeter die abgeforderte Leistung und die Stärke der Rekuperation.

Analog zum eVito flankiert Mercedes den eSprinter mit Beratung. Das beginnt mit einer App für Vorabtests der Reichweite im Realbetrieb des Käufers. Und reicht bis zur Infrastruktur vom Netzanschluss über die Ladeinfrastruktur bis zu einem Lademanagement um Lastspitzen zu vermeiden.

Es dauert indes, bis der eSprinter aus den Startblöcken kommt, im Dezember 2019 ist es soweit. Noch weiter davon entfernt ist der ebenfalls 2018 präsentierte Sprinter F-Cell mit Brennstoffzelle. Der Prototyp fährt als Reisemobil vor, das symbolisiert Elektromobilität ohne tonnenschwere Batteriepakete für Langstrecken, konkret auf mehr als 500 Kilometer Reichweite. Unter der Haube nimmt die Brennstoffzelle Platz, ein Konglomerat von zusammen 412 Zellen mit einer Leistung von 75 kW. Unter dem Wagenboden sowie im Heck sind vier Tanks mit zusammen 7,4 Kilogramm Wasserstoff angeordnet. Sie stehen unter 700 bar Druck. Unterflur steckt ebenfalls eine Batterie als Zwischenspeicher für den Strom, ihre Kapazität beläuft sich auf 9,2 kWh. Der Elektromotor erreicht eine deftige Leistung von 147 kW. Er ist mittig zwischen den Hinterrädern an der Stelle des herkömmlichen Diffe-

renzials angeordnet – diese Position wird sich im späteren eSprinter wiederfinden. Mit einem Mehrgewicht von 200 Kilogramm ist er wirklichkeitsnah ausgelegt. Doch das Projekt landet zusammen mit seinem Samenspender GLC F-Cell aus dem Pkw-Bereich wieder in der Schublade.

Kaum hat der neue Mercedes Sprinter das Licht der Welt erblickt, verschwindet bei Mercedes-Benz Vans auf der IAA und später auf der CES in Las Vegas die Gegenwart im Rückspiegel. »Vision Urbanetic« heißt die Idee der Transporterleute für die Zukunft und mischt Minibus und Kastenwagen. Fährt elektrisch und vollautonom fahrerlos. Liefert Pakete aus und Fahrgäste ab. Die Basis der Studie bildet ein vierrädriges Fahrgestell mit Antriebs- und Batterieeinheit, von den Designern aufgrund dessen Form als Skateboard bezeichnet. Nüchterner wäre von einem Plattform-Fahrgestell die Rede. Das Fahrerhaus entfällt ersatzlos, das schafft bei einer Gesamtlänge von 5,14 Meter Platz. Aufgesetzt wird wechselweise entweder eine schicke eiförmige Kabine zur Personenbeförderung oder ein Kastenaufbau à la Rimowa-Koffer.

Gesteuert wird der Einsatz bedarfsgerecht. Mal schwärmen die Minibusse aus und mal die Kastenwagen, beeinflusst von der Uhrzeit, von Veranstaltungen, von der ak-

Minibus mit überlangem Radstand und einer besonders tragfähigen angetriebenen Hinterachse.

tuellen Nachfrage. Ergebnis soll ein Einsatz im Extremfall rund um die Uhr an 365 Tagen im Jahr sein. Das eiförmige Traumschiff bietet drinnen zwölf Fahrgastplätze, jeweils vier auf halb-runden Sitzbänken vorn und hinten, dazu seitlich links vier Anlehnplätze. In der Cargo-Variante haben dank klappbarer Zwischenböden unten vier und ober sechs Gitterboxen oder Paletten im Zehn-Kubikmeter-Koffer Platz. Er zeichnet sich durch zwei Meter Innenhöhe und bis zu 3,7 Meter Innenlänge im Obergeschoss aus.

Zurück in die Gegenwart, und zu den Assistenzsystemen des neuen Sprinter. Etwa zum Park-Paket. Sechs Kameras überspielen ihre Bilder auf einen großen Monitor. Dynamische Hilfslinien zeigen auf den Zentimeter genau, wohin der Lenkeinschlag den Sprinter führt. Ein zweites Bild im Monitor liefert parallel eine Draufsicht. Unterschiedliche Einstellungen zeigen die Anhängerkupplung und den zielgenauen Pfad zum Ankoppeln. Sie unterstützen beim zentimetergenauen Heranfahren an den Bordstein oder warnen vor seitlichen Hindernissen, schützen somit die Flanken und tasten das Vorderfeld ab. Automatikmodelle schützt der »Drive Away Assist«. Er erkennt Hindernisse unmittelbar vor dem Fahrzeug und begrenzt das Tempo beim Anfahren in diesem Fall selbst bei Vollgas auf 3 km/h – der übersehene Poller oder Blumenkübel vor der Sprinter-Nase kann daher nur begrenzten Schaden anrichten. Beim »Rear Cross Trafic Alert« beobachten Sensoren beim rückwärtigen Ausparken den Querverkehr, geben bei Gefahr Alarm. Im Notfall folgt ein automatisches Bremsmanöver. Der Totwinkel-Assistent ist als Warner vor Verkehr auf der Nachbarspur keine Neuheit, weitgehend unbekannt ist eine Nebenfunktion, der Ausstiegswarner: Nach Ausschalten der Zündung warnt das System noch bis zu drei Minuten, falls beim Öffnen der Fahrer- oder Beifahrertür Kollisionen mit dem Verkehr drohen.

Mit diesen Kamera- und Sensorsystemen reagieren die Mercedes-Entwickler auf typische Unfallursachen für Transporter. Ebenso mit dem Abstandshalter namens »Distronic«, mit dem sich der Sprinter hinter dem Vordermann einklinkt und den Sicherheitsabstand einhält. Und mit dem aktiven Bremsassistenten als Rettungsanker in der Not. Die Nutzer haben inzwischen den Segen von Assistenzsystemen erkannt, die Ausrüstungsquote liegt je nach System zwischen 30 und 90 Prozent.

Der Sprinter ist traditionell ein Fall für Auf- und Ausbauten aller Art, das setzt sich mit dem neuen Modell fort. Zusätzliches Interesse entsteht durch die Variante mit Vorderradantrieb. Er ist nicht nur günstiger und leichter, er lässt sich mit separat zugesteuerten Tiefrahmen von Spezialist Alko in feine Reisemobile verwandeln. Neben der fast schon naturgegebenen Partnerschaft mit

Da muss man schon genau hinschauen: edles Reisemobil auf Sprinter-Fahrgestell.

Draußen Sprinter, drinnen rollende Wohnung: Reisemobil beim Winterurlaub.

Mit Vorderradantrieb und Original-Fahrerhaus beliebt bei Reisemobilherstellern.

gehobenen Marken werden in den kommenden Jahren daher auch zunehmend Mittelklasse-Fabrikate Reisemobile auf Sprinter auflegen.

Analog zum Vorgänger gibt es auch bei der neuen Generation eine ganze Flotte von Minibussen von funktionellen Stadt- bis zu feinen Reisebussen – auch aus dem eigenen Konzern. Dank einer exklusiv für die neuen Minibusse verwendeten Hinterachse erreichen die Spitzenmodelle eine zulässige Achslast von 4,8 Tonnen und eine stattliche zulässige Gesamtmasse von 6,8 Tonnen. Jedoch steht ein überraschender Wechsel an: Daimler Buses gibt seine Minibusse zum Jahreswechsel 2021/22 an die in München beheimatete Aequita-Gruppe. Als Nachfolger der Mercedes-Benz Minibus GmbH fungiert jetzt die Tremonia GmbH.

Schatten auf den Glanz des Sterns wirft in diesem Jahr eine Rückrufaktion des Kraftfahrt-Bundesamts (KBA). Es wirft Mercedes-Benz unzulässige Abschalteinrichtungen bei früheren Modellen vor. Mercedes-Benz bestreitet diesen und andere Vorwürfe, gibt aber dem Rückruf statt und wird später auch ein deftiges Bußgeld von knapp einer Milliarde Euro bezahlen.

Zum Silberjubiläum spendiert Mercedes-Benz dem Sprinter im Jahr 2020 den Zweiliter-Paradediesel OM 654 und die Neungang-Wandlerautomatik. Voraussetzung ist zunächst Hinterradantrieb. Aluminium-Zylinderblock, Stahlkolben, Stufenmulden-Brennverfahren und eine besonders reibungsarme Zylinder-Lauffläche gehören ebenso wie eine motornahe Abgasreinigung. Wer im verwirrenden Konfigurator genau hinschaut,

Rangieren auf den Zentimeter: Kameras und Sensoren helfen Blechschäden zu vermeiden.

entdeckt dort Dieselvarianten von 84 kW (114 PS) über 110 kW (150 PS) bis 125 kW (170 PS). Erhalten bleibt der V6 mit 140 kW (190 PS), der Allradantrieb dagegen legt derzeit eine Pause ein. In den Varianten mit Vorderradantrieb bleibt es vorerst beim raubeinigeren OM 651. Gleichzeitig erreicht der Sprinter als letzter Transporter seiner Gewichtsklasse die nun zwingend vorgeschriebene Abgasstufe Euro 6d-Temp. Im Herbst 2021 folgen die weiteren Sprinter-Ausführungen und erhalten die neue Motorengeneration, dann auch in einer zusätzlichen Leistungsstufe mit 140 kW (190 PS). Diesem Schritt fällt der edle V6 zum Opfer, er wird aus dem Programm genommen. Mercedes-Benz führt für Flotten außerdem den vorausschauenden Service Uptime ein. Die Fahrzeuge werden in Echtzeit überwacht. Drohen unterwegs Probleme, warnt Uptime den Fuhrpark und gibt gleichzeitig Handlungsempfehlungen. Auf diese Weise können Schäden und Pannen sowie unnötige Standzeiten und Kosten vermieden werden. Zum Begriff der Standzeiten passt die Chipkrise: Im Jahr 2021 muss Mercedes-Benz eine Vielzahl fertiger Sprinter zwischenlagern – es fehlt wie der gesamten Automobilbranche an Bauteilen. Transporter spielen in dieser Lage nicht die erste Geige: »Im Einklang mit der Strategie wird die bewusste Priorisierung von Top-End- und Elektrofahrzeugen fortgesetzt«, so Mercedes-Benz trocken in einer Mitteilung.

»Speed Delivery Door« nennt Mercedes-Benz im Jahr 2021 eine neue optionale Doppelflügel-Innenfalttür anstelle der klassischen Schiebetür. Sie ist bodentief verglast und erinnert an eine Linienbustür. Sie öffnet sensorgesteuert, wenn der Fahrer von seinem Platz den Laderaum betritt und schließt hinter ihm automatisch. Die Tür ist in einen Rahmen aus Kunststoff eingelassen, er entspricht den Abmessungen der Schiebetür. Integriert ist eine Trittstufe, aber sprintertypisch liegt der Einstieg indes recht hoch – wie auch der Preis des Moduls.

Im Herbst 2021 folgt ebenfalls eine neue Generation des Allradantriebs, jetzt durchweg permanent. Basis ist der Sprinter mit Hinterradantrieb, Herzstück eine elektronisch geregelte Lamellenkupplung zwischen den Achsen. Die Komponenten stammen aus dem wuchtigen Mercedes GLE und verteilen die Kraft vollvariabel

Beim Mercedes-Benz Sprinter überwacht das auf vier Distanzen einstellbare ADC (»*Adaptive Distance Control*«) den Abstand zum Vordermann und bremst automatisch ab, wenn der Fahrer nicht reagiert – nur einer von zahlreichen elektronischen Helfern, welchen die Konstrukteure dem Liebling der Kurierfahrer mit eingepackt haben.

Mit neuen und saubereren Dieselmotoren fährt der Sprinter ab 2020 in die Zukunft.

und leise zwischen den Achsen. Angefahren wird immer als 4x4, dann geht's auf Asphalt als Hecktriebler weiter. Doch bei extremer Rückwärtsfahrt verwandelt sich der Mercedes sogar in einen Fronttriebler. Auf eine zusätzliche Untersetzung verzichtet Mercedes, die neun Gänge der matschweich schaltenden Automatik regeln die Angelegenheit in Kooperation mit der durchweg stärksten Maschine von 140 kW (190 PS). Dieser Sprinter 4x4 will kein Allesüberwinder sein. Aber den Bautrupp in die Grube tragen, den Monteur zum Windrad, den Camper durch die nasse Wiese oder Urlaubsgäste zum Berghotel. Dafür genügt eine Steigfähigkeit von rund 100 Prozent. Lieferbar ist der Sprinter 4x4 mit den Radständen zwei und drei, mit allen Aufbauten, als Fahrgestell und bis 5,5 Tonnen zulässigem Gesamtgewicht. Und weil die Technik zwar effizienter aber doch einfacher ist als zuvor, sinken im Vergleich zum Vorgänger das Mehrgewicht des 4x4 auf rund 150 Kilo und der Mehrpreis deutlich.

Damit ist die Entwicklung des Bestsellers längst nicht abgeschlossen. Schon früh kündigt Mercedes-Benz eine völlig neue Generation des eSprinter an, denn die Entwicklung in diesem Segment schreitet extrem schnell voran und das noch junge hauseigene Modell droht ins Hintertreffen zu geraten. Zwar steigt der Absatz sämtlicher batterieelektrischer Vans mit Stern vom eVito über den EQV bis zum eSprinter von 2020 auf 2021 um 119

Prozent, doch mit der absoluten Zahl von rund 14 000 Einheiten und einem Anteil von vier Prozent kann Mercedes-Benz nicht zufrieden sein. Im Jahr 2023 soll es soweit sein.

Der neue permanente Allradantrieb ab Herbst 2021 verzichtet auf Extremtechnik, setzt auf eine Lamellenkupplung und eine Neungang-Wandlerautomatik sowie die stärkste Maschine.

2021: Der neue Baby-Benz – der letzte neue Transporter mit Stern und Verbrennungsmotor

Hurra, es ist ein – Mercedes! Väterlicher Stolz wird spürbar, wenn Mercedes-Benz den neuen Baby-Benz unter den Transportern mit Stern präsentiert. Der Citan-Vorgänger hatte den Ruf eines Kuckuckseis. Ein Renault Kangoo mit nachträglich angesetzter Mercedes-Benz-Nase, klotzigem Cockpit und ein paar markentypischen Kleinigkeiten, nur schwer als Mercedes zu identifizieren. Ergebnis waren maue Stückzahlen. Beim neuen Modell waren die Stuttgarter Entwickler von Beginn an dabei. Und tatsächlich, trotz vieler Gleichteile bei Rohbau, Blech und Antrieb: Es ist ein Mercedes-Benz. Das beginnt bei der tief angesetzten Schnüffelnase à la A/B-Klasse mit eigenständigem Grill, Stoßfänger mit scharf geschnittenem Spoiler und Scheinwerfern. Setzt sich seitlich mit dem markentypischen Knick fort, den Renault gleich beplankt. Die Schiebetürführung ist elegant verdeckt, das Dach aerodynamisch günstig gewölbt mit Abrisskante. Alles mündet in einem Heck mit eigenständigen Rückleuchten, einer feinen zusätzlichen Lichtkante dazwischen und dem eigenen Stoßfänger.

Bitte einsteigen. Die Türen öffnen auf Wunsch schlüssellos und verblüffende 90 Grad weit. Die Sitzpolster: Mercedes-Benz, sanfte Oberfläche, fester Grund. Langbeiner wünschten sich eine üppigere Längsverstellung, ihr Sitz klebt an der Kunststoff-Trennwand zum Frachtraum. Das Cockpit ist Mercedes pur, prompt versteigen sich seine Schöpfer zu Formulierungen wie Sinnlichkeit, entdecken die Form eines Flügels, gar eine Instrumenteneinheit »wie ein ausgewaschener Kieselstein«. Herrje, das ist keine neue S-Klasse, sondern ein Lieferwagen.

Mercedes-Benz heißt: Ob Lenkrad inklusive Tastatur, klassische analoge Instrumente, Bedienung, der op-

Viel mehr Mercedes-Benz als der Vorgänger: Der neue Citan emanzipiert sich trotz vieler Gemeinsamkeiten deutlicher von Kollegen Renault Kangoo.

2021: Citan 2

Auf dem Weg zur Eigenständigkeit: eigene Front, teils Heck, seitliche Karosseriefalte.

tionale Monitor, auf Wunsch das Multimediasystem MBUX – »Hallo Mercedes« – und die typischen Luftdüsen, Stern-Fahrer fühlen sich zuhause. Das Material ist von sachlich-angemessener Qualität, die Farbwelt eher düster. Oben im Cockpit nimmt eine schlitzförmige Ablage Papierkram auf, öffnet sich ein Fach mit Steckdose und Kabeldurchführung. Weiter unten gibt es eine kleine Mittelkonsole und große Türfächer sowie eine etwas klobige geschlossene Ablage zwischen den Sitzen wie im Kangoo. Alternativ sogar einen Doppelsitz, Vorteil der platzsparenden elektrischen Parkbremse. Gesamteindruck: ganz klar Mercedes.

Ein Zimmer weiter hinten verzichtet Mercedes auf das Sesam-öffne-Dich des Renault mit Kombination aus Beifahrer- und Schiebetür als riesigem Schlund zur Beladung. Drinnen strahlt von der Decke LED-Licht in den Laderaum. Er streckt sich im 4,5 Meter langen Citan auf 1,81 Meter. Auf halber Höhe hinter der Kunststoff-Trennwand sind es nachgemessen exakt 1,6 Meter, das bedeutet Platz für zwei Paletten quer, Kompliment. Und die lassen sich

auch ohne Gefahr von Blechschäden hineinzirkeln, denn sowohl das Heckportal als auch der Abstand zwischen den Radkästen misst fast auf den Millimeter genau 1,25 Meter, ein prima Wert. Die Erweiterung der Hecktüren von 90 auf 180 Grad ist indes fummelig. Und Vorsicht mit hochbeladenen Paletten bei Querbefrachtung: Das Portal läuft nach oben schlank zu, das wird oben eng.

Das Volumen bemisst sich auf 2,9 Kubikmeter. Siehe da, schon haben sich neben den üblichen Verdächtigen für Handwerker-Regalsysteme sogar die ersten Ausbauer von Bonsai-Reisemobilen gemeldet. Wer als Handwerker oder Kurier mehr Platz benötigt, wählt die Ausführung mit Schwenkgitter und Beifahrer-Klappsitz. Oder wartet auf die 36 Zentimeter größere Langausführung. Immer noch nicht genug? Der Citan darf bis zu 1,5 Tonnen ziehen. Es gibt den Kastenwagen in zwei Gewichtsklassen mit rund 2,0 und 2,2 Tonnen zulässiger Gesamtmasse. Macht bis zu 780 Kilo Nutzlast.

Das Fahrwerk setzt sich aus McPherson-Federbeinen vorn und einer schraubengefederten Verbundlenker-

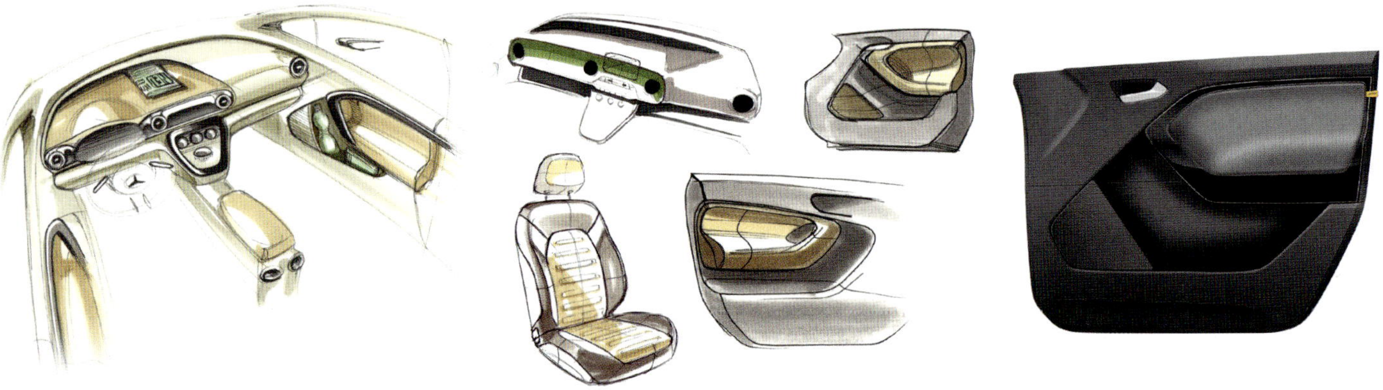

Es muss ein Mercedes-Benz werden: Entwürfe für das Interieur des neuen Citan.

achse hinten zusammen. Im Unterschied zum individuell abgestimmten Tourer verwendet Mercedes eine identische Feder-/Dämpfer-Abstimmung wie Renault. Tipp: Es gibt auf Wunsch markante Stahlräder mit der Optik eines Aluminiumrads, schön und stabil zugleich. Die beladene Fuhre im Zaum halten sollen Scheiben vorn und Trommelbremsen an der Hinterachse. Vier Scheiben gibt es nur beim Tourer und den Varianten mit elektrischer Parkbremse. Die Antriebsvarianten sind französischer Abstammung. Da wäre ein 1,5-Liter Diesel in den Leistungsstufen 55 kW (75 PS), 70 kW (95 PS) und 85 kW (116 PS), bei Vollgas mit Overpower erreicht

Klar erkennbar als Lieferwagen mit Stern: Mit diesem Auftritt können sich Verkäufer wie Käufer jetzt identifizieren.

Geht problemlos als Mercedes-Benz durch: der kurze Citan Kastenwagen.

er sogar kurzzeitig 89 kW (131 PS). Macht nach WLTP einen Verbrauch von rund 5,5 Liter/100 km. Alternativ gibt es einen 1,3-Liter-Benziner mit 75 kW (102 PS) und 96 kW (131 PS). Er ist nach WLTP mit etwa sieben Liter/100 km ebenfalls genügsam. Sechsgang-Schaltgetriebe portionieren die Kraft, bei den jeweils stärksten Varianten auf Wunsch ein Siebengang-Doppelkupplungsgetriebe.

Und so sieht das Cockpit in der Realität aus: vielleicht etwas düster, aber mercedestypisch.

Ins Heck passen bei Bedarf Paletten quer hinein (Vorsicht Höhe)...

Bitte einsteigen heißt es für den Bautrupp. Noch mehr Platz bietet der ganz lange Citan Tourer mit einer dritten Sitzreihe.

...oder auch eine Wohneinrichtung mit Bett und Heckküche, Beispiel Vanessa.

Die große Stunde des Citan schlägt beim Fahren. Der teilbeladene Kastenwagen federt verblüffend sanft, die elektrisch unterstützte Lenkung arbeitet zusammen mit dem 16-Zoll-Fahrwerk (nicht durchweg Serie) zielgenau. Gerne verweist Mercedes-Benz im Zusammenhang mit dem Fahrwerk auf seine umfangreiche Fahrversuche. Große Außenspiegel mit eingearbeiteten Weitwinkelfeldern vermitteln einen anständigen Blick nach hinten, die Rückfahrkamera ein gestochen scharfes Bild. Trotzdem empfiehlt sich aus dem reichhaltigen Programm der elektronischen Helfer zumindest der beim Spurwechsel sicht- und hörbare warnende Totwinkelassistent. Der Spurassistent zupft vergleichsweise sanft am Lenkrad. Der aktive Bremsassistent erkennt auch Querverkehr. Ein Pendant für rückwärtiges Ausparken wie im Sprinter gibt es nicht, das bleibt im verblechten Citan Gefühls- und Glückssache. Bei Bedarf sucht und findet der Citan Parklücken, parkt längs und quer ein, warnt vor seitlichen Hindernissen beim Rangieren. Den Citan mit Doppelkupplungs-

Der Innenraum des Citan Tourer ist flexibel nutzbar - ob für gewerbliche Einsätze, raumgreifende Hobbys oder Familien.

Mit einem raumgreifenden Dachzelt entfaltet sich der Citan zur wahren Campinggröße.

getriebe veredelt Mercedes optional mit einem aktiven Abstands-Assistenten. Und wenn alles nichts mehr hilft, pusten sich gleich sechs Airbags auf.

Der Schalthebel liegt gut zur Hand, auch rollt der Citan im Stadt- und Überlandverkehr in allen Varianten sehr leise. Bei höheren Geschwindigkeiten geht's dann nicht mehr ganz so leise zu. Der Begriff Citan ist eben von City abgeleitet, dort ist sein Habitat, auch kosten Geräuschmaßnahmen Gewicht und Geld.

Richtig los geht es für den Citan im Laufe des Jahres 2022, dann komplettieren der lange Radstand, das Doppelkupplungsgetriebe und ab Herbst der batterieelektrisch angetriebene eCitan das Angebot. Beim Vorgängermodell hatte sich Mercedes vom Thema Strom ferngehalten, jetzt mischt man mit. Unter Motorhaube und Unterboden steckt die Technik des erfolgreichen Renault Zoé. Die Batterie speichert nutzbare 44 kWh, fast so viel wie in der Maximalvariante des aktuellen eSprinter. Entsprechend rechnet Mercedes mit einer Reichweite von 285 Kilometern nach der realistischen WLTP-Norm. Die E-Maschine bringt es auf 90 kW und 245 Nm. Ausgerechnet der kleinste E-Transporter mit Stern ist dank dieser Daten als erster aus der E-Riege mit Anhängerkupplung verfügbar. Eine Wärmepumpe spart

Strom beim Heizen, auf Wunsch ebenfalls Heizungen für Windschutzscheibe, Sitze und sogar Lenkrad als körpernahe Dienstleistungen. Mercedes lässt den flinken eCitan immerhin 130 Sachen rennen, das genügt. Zwei Fahrprogramme und drei Rekuperationsstufen erlauben eine individuelle Fortbewegung. Von den Verbrennern bleibt nur noch ein Blinddeckel des früheren Tankeinfüllstutzens.

Typisch Citan: Lichtkante unten an der Heckklappe und der Zentralstern sowie eigenständige Leuchtengrafik - so viel Mercedes-Benz muss sein.

Unter Strom: Der eCitan summt im Herbst 2022 mit praxisgerechter Antriebstechnik los.

2022: feiner Kleiner – die neue T-Klasse und der Stromer namens EQT

Wenn sich der Citan etwas feiner anzieht und ein wenig Rouge auflegt, wenn er vom Berufs- ins Familienleben wechselt, dann verwandelt sich das aktuelle Modell in die T-Klasse. Die Bezeichnung erinnert an die ersten werksseitigen Kombis mit Stern um 1980 herum, die Aufteilung kennen Beobachter von der Doppelbaureihe V-Klasse und Vito. Im Gegensatz zu jenem Duo muss man hier schon sehr genau hinschauen, um die Unterschiede zwischen einem Vito Tourer und einer T-Klasse zu entdecken. Man kennt die tief angesetzte Schnüffelnase, die Türen mit der leichten Falte, auch das Heck. Äußerlich bringt die T-Klasse einen Kühlergrill in Chrom, Spiegelgehäuse, Türgriffe und Stoßfänger in Wagenfarbe mit. Zwei Schiebetüren mit Ausstellfenstern gehören zur Serienausstattung, ebenso eine Heckklappe, Flügeltüren sind Option. Beim Einsteigen schließlich heißen Leisten mit dem Markenschriftzug willkommen.

Drinnen unterscheidet sich die T-Klasse mit feineren Materialien von ihrem hemdsärmeligen Bruder. Das betrifft zum Beispiel die Armauflagen und die mittigen Felder in den Türen, den Bezug der Mittelarmlehne und ein schwarzes Zierelement in der Instrumententafel. Die Serienausstattung hebt sich ebenfalls ab: Multifunktionslenkrad, MBUX-Infotainmentsystem, schlüsselloser Start, große Displays, Klimaanlage, Teppich – alles an Bord. Mit den Ausstattungslinien namens Style und Progressive wächst die Zahl der Zierelemente und nimmt – alternativ zu Schwarz, eine frische gelbe oder eine vornehmere silberne Farbe an. Dann nehmen die Insassen auf Sitzen mit Bezügen in Ledernachbildung Platz und die T-Klasse rollt auf Leichtmetallrädern. Die Grundform der Armaturentafel – Mercedes-Benz spricht blumig vom Profil eines

Vom sachlichen Citan zur feineren T-Klasse: Die Pkw-Ausgabe der zweiten Ausgabe des Kooperationsmodells darf erstmals den Begriff »Klasse« tragen.

2022: T-Klasse und EQT

Die Knicke an der Seite hat Mercedes-Benz durchgesetzt, die Heckklappe mit feiner Falte gibt es nur beim Stern.

Flügels – entspricht dem Citan, gleiches trifft auf die markentypischen Lüftungsdüsen in Turbinenoptik zu.

Die T-Klasse kommt nicht nur schmuck daher, sondern auch sicher. Serienmäßig flankieren unter anderem ein aktiver Brems-Assistent, ein aktiver Spurhalte-Assistent und ein Totwinkel-Assistent die Fuhre. Dieses Arsenal lässt sich problemlos erweitern. Je nach Variante schaut die die T-Klasse außerdem aus LED-Scheinwerfern. Für Kindersitze hält die T-Klasse auf gleich drei Plätzen Isofix-Verankerungen bereit. Vollends zum Kinder-Wagen wird die T-Klasse mit einem weiteren Kindersitz auf dem mittleren Platz der Rücksitzbank. Über die drei Ausstattungslinien hinaus hat Mercedes-Benz jede Menge Extras in Paketen gebündelt.

In Bewegung gesetzt wird dies alles von einem Dieselmotor mit 1,5 Liter Hubraum und einem 1,3-Liter-Benziner. Beide sind in jeweils zwei Leistungsstufen zu bekommen, die Spanne reicht von 70 kW (95 PS) bis 96 kW (131 PS). Die Kraftübertragung übernehmen Sechsgang-Schaltgetriebe oder ein Siebengang-Doppelkupplungsgetriebe.

Es ist kein Geheimnis: Mercedes-Benz hat die T-Klasse

und den Citan zusammen mit Renault entwickelt, sie sind technisch und optisch ein zweieiiger Zwilling vom Kangoo und Kangoo Rapid, werden auch in Frankreich gefertigt. Im Unterschied zum Citan gönnt Mercedes-Benz der T-Klasse jedoch eine eigene Fahrwerksabstimmung mit individueller Federrate und Stoßdämpfer mit angepasster Dämpfkraft. – Fahrer eines Mercedes-Benz sollen sich rundum zuhause fühlen. An den Start geht die T-Klasse als 4,5 Meter langer Fünfsitzer, eine Langversion mit bis zu sieben Sitzplätzen folgt.

Digitale Services kommen nicht zu kurz. Ist eine Wartung fällig, meldet sich die T-Klasse automatisch bei der zuständigen Werkstatt, die sich mit dem Eigner der T-Klasse in Verbindung setzt. Er kann per Fernabfrage

Raumgleiter: Die T-Klasse fühlt sich auch im feinen dunklen Anzug wohl.

Alles so schön bunt hier: Optional kommt im Cockpit Farbe ins Spiel.

Viel Platz für Kindersitze, sogar drei davon passen in die zweite Reihe.

wesentliche Daten bequem von zu Hause aus abrufen, aus der Ferne seine T-Klasse ver- und entriegeln oder per GPS orten. Navigation mit Echtzeit-Verkehrsdaten oder die Nennung von verfügbaren Parkplätzen mit Wahrscheinlichkeitsprognose gehören ebenfalls zu den verfügbaren Diensten.

Damit nicht genug: Unter der Bezeichnung Mercedes-Benz EQT wächst die Familie von T-Klasse und Citan zu Drillingen heran. Der vollelektrisch angetriebene Van nutzt die identische Technik wie Kooperationspartner Renault. Er wird im Stil der anderen E-Modelle von Mercedes-Benz ein eigenständiges Gesicht tragen. Im Untergrund sind Batterien mit einer nutzbaren Energie von 45 kWh angesiedelt. Sie treiben einen E-Motor mit einer Leistung von 90 kW an. Der EQT soll bis zu 130 km/h laufen – genug für die angepeilte Zielgruppe der

Auf den Hund Gekommen? Die T-Klasse bietet die für raumgreifende Hobbys an.

Familien – und nach WLTP eine Reichweite von 300 Kilometern erzielen. Auch das passt für Fahrten zum Einkauf und zum Kindergarten. Geladen wird der EQT – ebenso wie andere Stromer mit Stern – vorne hinter dem Markensignet. Das funktioniert an der Wallbox und ebenfalls an der Schnellladesäule. Dort ist der EQT mit einer voraussichtlichen maximalen Leistung von bis zu 80 kW eher ein ruhiger Geselle. Da könnte die Kinderschar an Bord angesichts von rund 40 Minuten Ladezeit von zehn auf 80 Prozent Energie ungeduldig werden.

Proportionen und Räder etwas übertrieben, aber der Designschritt von der T-Klasse zum EQT ist gut erkennbar.

Kinder-Wagen: Die T-Klasse zielt unter anderem auf Familien.

Konzeptfahrzeug, aber sehr nahe an der Serie: Der vollelektrische EQT ergänzt die T-Klasse.

Und wie geht es weiter? Einerseits zeigt die Kooperation zwischen Mercedes-Benz und Renault Ermüdungserscheinungen. Die Manager der Gründergeneration der Kooperation sind längst verschwunden, die finanzielle Verflechtung ist aufgelöst. Mercedes-Benz agiert losgelöst von den schweren Nutzfahrzeugen und definiert sich heute als Hersteller von Luxus-Autos. Renault ist und bleibt wohl auch eine Massenmarke. Überschneidungen gibt es weiterhin bei den leichten Nutzfahrzeugen. Bei Pickups hat die Zusammenarbeit nicht funktioniert, bei Citan und Konsorten ist sie soeben erst wieder gestartet, in der Vito-Klasse läuft sie bisher auf Sparflamme, gemunkelt wurde von einer größeren Nähe bei den 3,5-Tonnern – da zieht der Sprinter unangefochten seine Bahn, während es um den Master einsam geworden ist. Transportergeschichte ist stets auch Industriegeschichte – die nächsten Kapitel sind bereits gesichert.

20.0°C
14:30
265 km
READY
0.0
km
CHARGE
OFF
Radio
FM
SET +
SET -
CNCL
LIM
VOL
TEL
AUTO

Was aus einem sachlichen Citan-Cockpit alles werden kann: Edel-Ausführung für das Konzept-Fahrzeug des EQT.

2023: Mercedes-Benz Sprinter auf dem Weg nach morgen

Geht es um Fahrzeuge von morgen, dann funkelt Mercedes-Benz entweder mit weit ausgreifenden aber nicht unbedingt realitätsnahen Studien oder gibt sich austernhaft verschlossen. Anders beim aktuellen Sprinter: Da der eSprinter als Einheits-Kastenwagen mit zwei überschaubaren Batterievarianten abgehängt zu werden droht, trommelt die Marke schon frühzeitig für das Nachfolgemodell des Herbstes 2023.

Er ist Teil der E-Strategie von Mercedes-Benz, die bis zum Ende dieses Jahrzehnts weg vom Verbrennungsmotor führt. Drei neue E-Architekturen sind in Entwicklung, davon eine mit der Bezeichnung Van.EA speziell für die Transporter.

Das Konzept des künftigen eSprinter basiert auf drei E-Modulen, zusammengefasst als Konzept auch »Electric Versitality Platform« genannt. Modul eins: Unter der Fronthaube duckt sich kein Motor wie bisher, hier nehmen Hochvoltkomponenten wie die Ladetechnik und der Spannungswandler sowie die Nebenaggregate Platz. Zwischen den Achsen folgt Modul zwei, dort lagern unterflur die Batterien, künftig in drei statt bisher zwei wählbaren Größen. Dem Vernehmen nach geht es hinauf bis 90 kWh nutzbarer Kapazität, ähnlich den üppig bestückten Starkstromern eVito Tourer und EQV. Die künftige Skalierung bedeutet je nach Einsatz große Reichweite oder hohe Nutzlast und Strom für Antriebe rund um den Aufbau – von Kühlkoffer bis Kipper oder auch für elektrisch betriebene Werkzeuge.

Modul drei besteht aus einer entscheidenden Neuheit, der Kombination aus Elektromotor und angetriebener Hinterachse. Dabei können sich die Entwickler wie bei anderen Komponenten in den Regalen ihrer Pkw-Kolle-

Tests bei Eis und Schnee: Auch der künftige und zünftige eSprinter zieht am Polarkreis seine Bahn - der Stromer soll schließlich auch bei Kälte funktionieren.

2023: E-Sprinter

Jetzt geht's richtig los: eSprinter in zahlreichen Varianten statt Einheitskarosserie.

gen bedienen. Über mangelnde Leistung – noch nennt Mercedes keine Zahlen – wird man sich keine Sorgen machen müssen.

Mit dem nächsten eSprinter fächert Mercedes gleichzeitig die Variantenvielfalt auf: Es wird zwei Radstände geben, unterschiedliche Karosseriegrößen und Fahrgestelle, ebenfalls Gewichtsvarianten und auch eine Freigabe für Anhängelasten. Die eigenen Karosserien fasst Mercedes dagegen nicht an – auch der nächste eSprinter bleibt ein Sprinter. Gefertigt wird er in Düsseldorf (geschlossene Varianten) und Ludwigsfelde (Fahrgestelle) sowie in den USA für Nordamerika. Im Februar 2022 werden die Ankündigungen indes vorsichtiger: »Erste Vans basierend auf VAN.EA sollen ab Mitte dieses Jahrzehnts auf den Markt kommen«, heißt es nun.

Die Möglichkeiten des künftigen eSprinter deutet Mercedes bereits jetzt an. Zum Beispiel mit einem langen Kastenwagen und Ausbau der Spier-Tochter ATV für den KEP-Einsatz. Das Regalsystem im Heck und die Schiebetür zum Cockpit – beides bekannt. Ebenfalls die 2018 auf der IAA erstmals gezeigte »Speed Delivery Door«, eine sensorgesteuert öffnende zweiflügelige Seitentür.

Der eSprinter als Fahrgestell eröffnet völlig neue Möglichkeiten. Die Belieferung von Haushalten mit Lebensmitteln zum Beispiel ist bei den Briten längst üblich, entsprechende Aufbauten sind verbreitet. Der doppelte Antrieb von eSprinter und Kühlanlage benötigt reichlich Strom, da bietet sich das künftige Fahrgestell mit einem größeren Batteriepaket und einem höheren zulässigen Gesamtgewicht an.

Mit dem Technologieträger Sprinter »Sustaineer« zeigt Mercedes-Benz im Herbst 2021, wie der Stromverbrauch sinkt, somit die Reichweite steigt und generell die Umweltfreundlichkeit und Effizienz ausgebaut werden kann.

Die Silhouette eines geräumigen Kastenwagens lässt sich kaum verkleinern – außer es entfallen klobige Spiegel. Mirror Cams setzen sich bei Lkw durch, beim Sprinter reduzieren sie die Stirnfläche der Spiegel um 80 Prozent, des Gesamtfahrzeugs um knapp über zwei Prozent.

Den eSprinter wird es künftig auch als Fahrgestell geben, zum Beispiel für Kofferaufbauten.

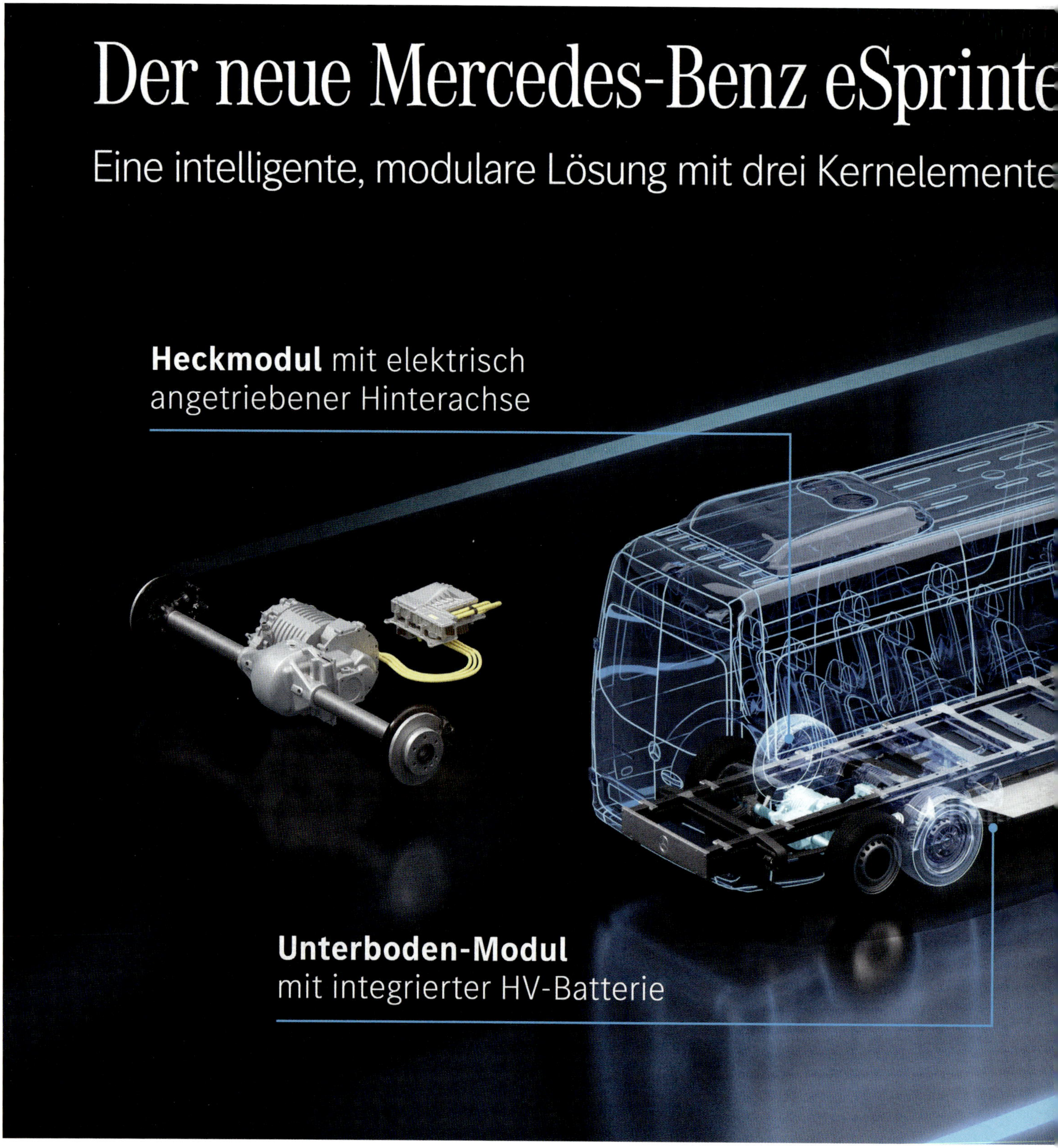

Vielseitig: eSprinter ab 2023.

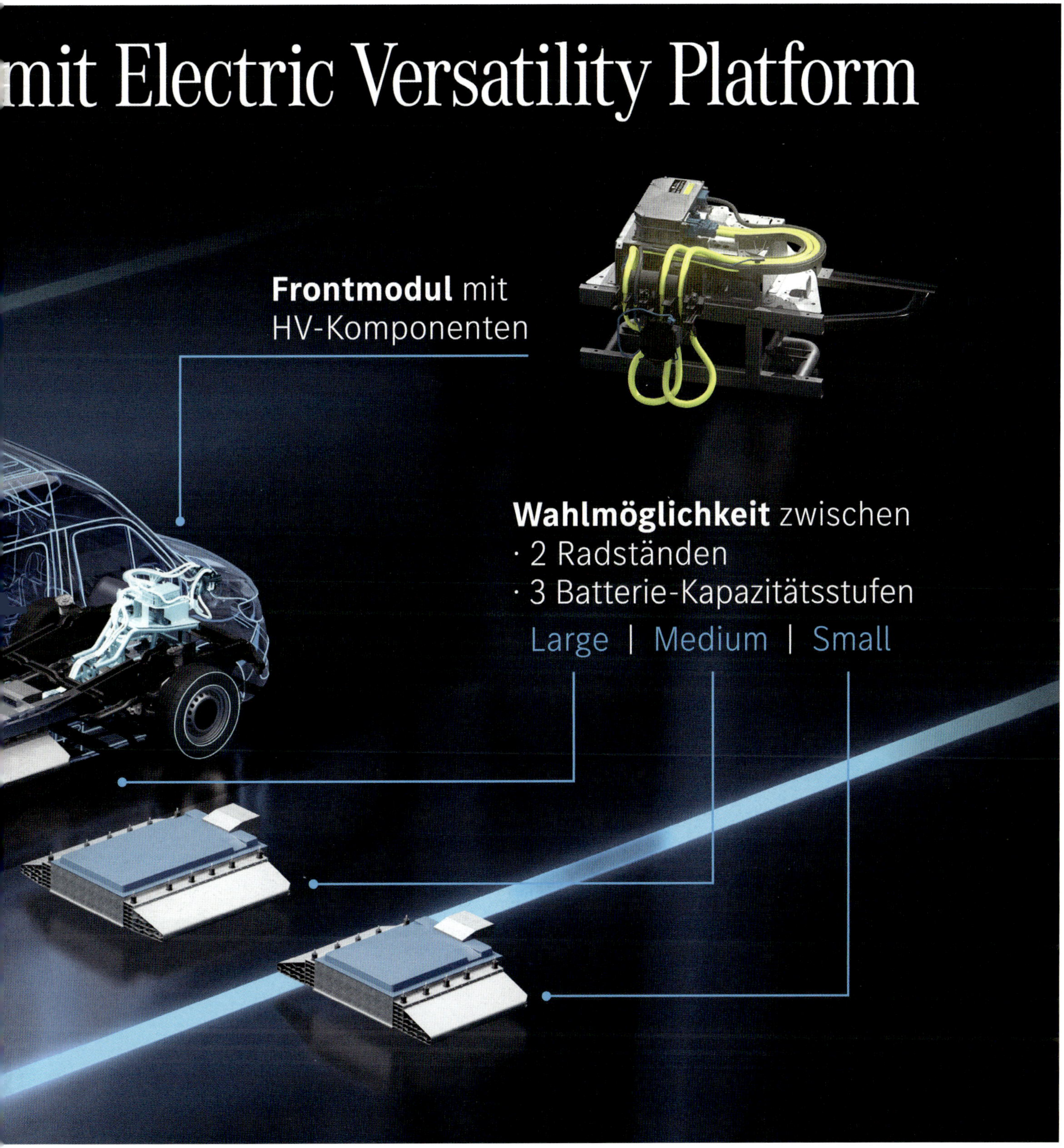
mit Electric Versatility Platform
Frontmodul mit
HV-Komponenten
Wahlmöglichkeit zwischen
· 2 Radständen
· 3 Batterie-Kapazitätsstufen
Large | Medium | Small

Hinzu kommt eine Verbesserung des cw-Werts um gut fünf Prozent. Wirksam wird dies vor allem außerhalb des Stadtverkehrs. Im WLTP-Zyklus kalkuliert Mercedes einen Verbrauchsvorteil von drei bis vier Prozent.

Auch weitet sich das Blickfeld deutlich und die Spiegel-Feineinstellung entfällt. Drinnen setzen die Mercedes-Entwickler die Monitore mit kontrastreichen OLED-Bildschirmen oben links sowie rechts neben den Innenspiegel unter die Windschutzscheiben-Oberkante, das vereinfacht den Blick zur Seite. Aber dort wird's allmählich voll, auch verdeckt die große Konsole der Frontkamera einen Teil des Blickfelds. Sie dürfte daher künftig nach unten wandern. Unter der Sonnenblende glimmt »Daylight plus«: Eine bläuliche Lichtfläche gaukelt den Augen helles Tageslicht vor und soll Ermüdung vorbeugen.

Nicht genug der Spiegelfechterei: Der Digital-Innenspiegel bietet einen Blick auf den rückwärtigen Verkehr auch bei beladenem Sprinter. Auf Wunsch ebenso in den Laderaum, falls dort Pakete purzeln. Ein »Sidewalk Monitor« erlaubt den Blick nach draußen, bevor der Paketfahrer beladen aus der seitlichen Laderaumtür springt – Radfahrer und Fußgänger werden es danken. An die Stelle der Schiebetür tritt auch hier die Speed Delivery Door.

Nur aus der Vogelperspektive zu entdecken ist das Solardach des Sprinter Sustaineer. Dessen Module werden nicht einfach aufs Dach sowie einem Pflaster ähnlich auf die Stirn geklebt, sondern die Dachhaut

Eigens entwickelte Plattform für die Elektromodelle des Sprinter, nun auch für Fahrgestelle.

Sprinter Sustaineer: bündig integrierte Solarzellen senken die Stromkosten.

wird auf einer Gesamtfläche von 4,8 Quadratmetern komplett ausgetauscht, das verhindert eine aufwendige zusätzliche Abnahmeprozedur. Die Peakleistung der kristallinen Zellen mit einem Wirkungsgrad von knapp über 20 Prozent beläuft sich auf 850 Watt. Für Süddeutschland hat Mercedes einen Jahresertrag von 828 kWh errechnet, gleichbedeutend mit Energie für 2500 Kilometer. In die Tagesreichweite lässt sich dies indes nicht fest einrechnen, denn bei Bewölkung, bei Regen, Nebel oder Schnee fehlt der Ertrag. Aber die Extraportion Energie kann Ladezeiten verringern und Stromkosten senken.

Kamerasysteme statt Außenspiegel verbessern die Aerodynamik.

Großer Energiefresser im Winter ist bei E-Fahrzeugen die Heizung. Bisher schon gönnt Mercedes dem E-Sprinter eine aufwendige Wärmepumpe. Jetzt heißt es ran an den Körper mit der Wärme. Das ist günstiger, als das gesamte Cockpit auf Wohnzimmertemperatur zu bringen, vor allem bei geöffneter Tür zum Frachtabteil. Das funktioniert mit einer Sitzheizung, auch mit einem beheizten Lenkrad. Dritter Punkt könnte ein beheizter Sicherheitsgurt sein. Seine dreistufige Einstellung ist mit der Sitzheizung gekoppelt, die Temperatur angenehm, der Energiebedarf beläuft sich auf maximal 70 Watt.

Sparen lässt sich auch an Emissionen, denn selbst ein E-Transporter hinterlässt unerwünschte Spuren. Die EU wirft ein Auge auf Einzelkomponenten, ihnen drohen mit Euro 7 womöglich Grenzwerte. Das betrifft zum Beispiel den Reifenabrieb. Probates Gegenmittel sind Leichtlaufreifen. Gegen den Abrieb der Bremsen hilft eine Keramikbeschichtung der Scheiben. Sie verringert Feinstaubemissionen um 80 Prozent. Mit weiteren Vorteilen: Derlei Scheiben sind hitzefest, extrem lange haltbar und kennen keinen Rost. Ziel der Entwickler sind servicefreie Bremsen.

Dann wären da der Straßenstaub und die Schmutzpartikel anderer Fahrzeuge. Dagegen können Filtersysteme helfen, wie sie Spezialist Mann + Hummel zum Beispiel an neuralgischen Punkten in der Daimler-Hauptstadt Stuttgart aufgestellt hat. Oder Filter im Auto. Beim Sprinter Sustaineer sitzt solch ein Filter vorne hinter dem Kühlergrill. Er nimmt Staub während der Fahrt auf und sogar während der Ladezeit, weil der Lüfter dahinter zur Kühlung der Batterie Umgebungsluft ansaugt. Ein zweiter Filter ist vor der Hinterachse platziert. Er sammelt Partikel unterwegs ähnlich einem Staubsauger. Das erinnert, nicht nur wegen der Herkunft der Beteiligten, ein wenig an die schwäbische Kehrwoche – hier wie dort wird der Schmutz der Anderen entfernt und damit die eigene Reinlichkeit gefördert. Ebenso wie das Kehrblech – in schwäbischer Landessprache die »Kutterschaufel« – der engagierten Kehrwochenbetreiber ab und zu geleert werden muss, so auch die Filter der E-Sprinter. Alle sechs- bis zwölf Monate ist ein Wechsel fällig, ein lästiger Nebeneffekt der Sauberkeit.

Während der Elan zur klassischen Kehrwoche im Schwäbischen an manchen Stellen sichtbar nachlässt, steht bei den Transportern von morgen mehr denn je Reinlichkeit im Mittelpunkt. Lassen wir uns überraschen, was davon ab 2023 und in den Folgejahren alles umgesetzt wird.

Schwäbische Kehrwoche: Ein Staubsauger vor der Hinterachse nimmt Feinstaub von der Straße auf.

Driving the electric future
Driving the electric future
The new electric Sprinter
S MB 155E

9:41
mehr-tanken
Bielefeld
Flizzi empfiehlt:
Diesel
1,54 9 bft Gotenstraße 4 33647 Bielefeld 3,1 km
1,55 9 Q1 Artur-Ladebeck-Stra... 33617 Bielefeld 2,6 km
1,55 9 Markant Herforder Str. 110-114 33602 Bielefeld 5,1 km
1,55 9 ELAN Herforder Str. 301 33609 Bielefeld 6,0 km
1,55 9 JET Eckendorfer Str. 14 A 33609 Bielefeld 5,0 km
1,56 9 Tankstelle Ball... Heeper Straße 294 33607 Bielefeld 4,6 km
1,56 9 STAR Detmolder Straße 479 33605 Bielefeld 1,1 km
1,57 4 AVIA XPress Aufm Kampe 1 33729 Bielefeld 9,1 km
bft 7,6 km